혼밥

혼 자 지 만
따 뜻 하 고
맛 있 게

혼밥

초판 1쇄 발행 2016년 8월 1일
초판 4쇄 발행 2018년 9월 3일

글·사진 김선주
발행 (주)조선뉴스프레스
발행인 이동한
편집인 방경록
기획편집 김화(팀장), 박영빈
판매 박경민
디자인 ALL Design group
교정·교열 김현지
표지 사진 김나윤

편집문의 724-6726, 6729
구입문의 724-6794, 6796
등록 제301-2001-037호
등록일자 2001년 1월 9일
주소 서울시 마포구 상암산로 34 DMC 디지털큐브 13층(03909)

값 15,000원
ISBN 979-11-5578-423-5 13590

삶을 아름답고 풍요롭게 만드는 도서를 출판하는 조선앤북에서는
예비 작가분들의 소중한 원고를 기다립니다.
블로그 blog.naver.com/chosunnbook
이메일 chosunnbook@naver.com

혼자지만
따뜻하고
맛 있 게

혼밥

김선주 지음

조선앤북

— 따뜻한 혼밥

세상 사람들이 얘기하는 '혼밥'이라는 단어에는 뭔가 궁상맞고 쓸쓸한 이미지가 붙어 있다. 하지만 매일 무엇을 먹을지 생각하고 뚝딱거리며 직접 만들어보는 것이 큰 취미인 내게, 혼자 즐기는 식탁은 무척이나 즐겁고 편안한 시간이다.

장을 보러 가서 마음에 드는 예쁜 식재료를 사고, 요리 프로의 블랙박스 미션 하듯 그 재료를 이용해서 간단한 샐러드라도 만들어보면 쏠쏠한 재미가 있다. 내가 먹고 싶은 메뉴를 골라, 먹고 싶은 재료는 잔뜩 넣고 싫어하는 재료는 쏙 빼며 즐겁게 요리하다 보면 하루의 스트레스가 풀린다.

혼자 만들어 먹었던, 혹은 만들어보고 싶었던 음식들을 떠올리며 다른 사람들에게 소개할 만한 음식은 뭐가 있을까 고민하고, 하나하나 해보며 좀 더 쉽고 맛있게 조리하는 방법을 궁리하고 적어나간 지난 100여 일은 무척이나 힘들면서도 한편으론 꿀같이 달콤한 시간이었다.

혼자만 알고 있기 아까운 요리도 소개하고, 고급 레스토랑에서나 맛볼 것 같지만 알고 보면 쉬운 요리, 맛있으면서 모양새까지 예쁜 요리들도 담고 싶었다. 또 퇴근하고 아무것도 하기 싫을 때, 냉장고가 텅 비었을 때, 모처럼 장을 잔뜩 봐 왔을 때, 갑자기 손님이 찾아왔을 때 등 다양한 상황을 떠올리며 그때그때 해 먹으면 좋을 음식들도 다양하게 제안해보려고 했다.

혼자 먹는다고 대충 먹지 않았으면 좋겠다. 그렇다고 장을 잔뜩 봐서 화려하게 차릴 것도 없다. 그냥 약간의 정성만 있으면 맛있고 건강하고, 또 기분까지 좋아지는 예쁜 음식을 먹을 수 있다.

힘든 하루를 보낸 나를 위로하며 즐기는 마음으로 요리하길, 단순히 배고픔을 채우는 한 끼가 아닌 행복하고 건강한 한 끼를 우리 모두 즐길 수 있기를 바란다.

푸드스타일리스트 김선주

계량법

일반 계량스푼과 계량컵을 사용하였다. 계량스푼 없이 밥숟가락
을 사용할 경우 아래 내용을 참고할 것.

- **1작은술** = 5mL (밥숟가락 사용할 경우 1/2숟가락 분량)
- **1큰술** = 15mL (밥숟가락 사용할 경우 가루류, 장류는 숟가락 가득,
  액체류는 1+1/3 분량)
- **1컵** = 200mL
- **약간** = 1~2꼬집 정도(기호에 따라 가감)

1
2
3
4
5
6
7
8
9

기본 양념 1

1 **올리브유** 열을 가하지 않은 상태에서 먹을 수 있어 샐러드드레싱으로 가장 많이 사용한다. 파스타 면을 삶거나 채소를 볶을 때, 빵을 찍어 먹는 소스를 만들 때 넣기도 한다. 이외에도 마요네즈, 드레싱, 튀김, 볶음 등의 음식을 만들 때 다양하게 쓰인다.

2 **참기름** 비빔밥이나 무침 등에 사용해서 고소한 맛을 더한다.

3 **국간장** 재래 간장, 청장이라고도 한다. 염도가 높고 색이 연하다. 국의 간을 맞출 때 주로 사용하며 찌개, 나물 요리 등에도 사용한다.

4 **진간장** 일반적으로 파는 시판 간장이다. 국간장에 비해 짠맛이 덜하고 달짝지근한 맛을 지니고 있다. 조림, 찜, 무침 등에 활용한다.

5 **올리고당** 단맛을 내는 올리고당은 식이섬유가 풍부하고 칼로리가 낮아 설탕 대용으로 사용하기 좋다.

6 **식초** 신맛을 낼 때 사용한다. 현미 식초, 사과 식초, 포도 식초, 레몬 식초 등 여러 종류가 있다.

7 **매실청** 피로 해소와 소화작용에 좋은 매실청은 차로 마셔도 좋지만 달콤한 맛을 내는 조미료로 사용해도 좋다.

8 **된장** 국, 찌개의 간을 맞추고 맛을 내는 데 사용하며, 나물 등의 무침 요리에도 사용한다.

9 **고추장** 감칠맛, 매운맛, 짠맛이 잘 조화를 이룬 복합 조미료이다. 찌개, 국, 무침, 조림, 구이에 쓰이며, 비빔밥, 비빔국수의 양념이나 초고추장으로 만들어 사용하기도 한다.

기본 양념 2

1 **통깨 & 검정깨** 고소한 맛을 내며 통으로 사용하거나 갈아서 사용한다. 주로 마지막 단계에 고명으로 뿌리거나 양념장을 만들 때 넣는다.

2 **소금** 기본 간을 맞출 때 사용한다.

3 **후추(적후추, 흑후추)** 간을 맞출 때 후추를 적절히 사용하면 나트륨 섭취를 줄이는 데 도움이 된다. 누린내 등 잡내를 잡는 데 이용한다. 통후추를 요리에 직접 갈아 넣으면 맛과 향이 더욱 좋아진다. 적후추는 매콤하면서도 부드럽고 달콤한 맛이 난다. 붉은빛이 화려해서 장식용으로 많이 쓰인다.

4 **고춧가루** 요리에 칼칼한 매운맛과 색을 내준다. 보통 중간 정도 굵기를 일반적으로 사용한다. 고운 가루는 고추장과 국물 등에 고운 색을 낼 때 쓴다.

5 **설탕(황설탕, 백설탕, 비정제 설탕)** 단맛을 주는 양념으로, 정제된 상태에 따라 다양하다. 과일청이나 피클을 만들 때 황설탕을 이용해도 되지만 백설탕을 사용하면 조금 더 고운 색의 요리를 얻을 수 있다. 비정제 설탕은 원당, 사탕수수당이라고 불리며 표백 및 정제를 하지 않아서 단맛이 조금 덜한 편이다. 황설탕은 백설탕 생산 후 몇 번 더 정제 과정을 거쳐 열이 가해져 황갈색을 띠게 된 설탕으로 특유의 풍미와 원당의 향을 가지고 있다. 과자나 빵을 만들 때 많이 사용하며 각종 음식에 강한 단맛이나 감칠맛을 내는 데 좋다.

색다른 양념 & 소스

1 **토마토케첩** 소스의 보조 조미료로도 사용되고, 달걀 프라이, 햄버거, 오믈렛 등 다양한 음식에 곁들여 먹는다.

2 **브라운소스** 스테이크나 돈가스, 스튜 등에 곁들이는 서양 소스.

3 **핫소스** 톡 쏘는 향과 매운맛이 나는 소스. 멕시코의 타바스코 지방의 작고 매운 고추로 만든 타바스코 소스가 대표적이다.

4 **토마토소스** 토마토로 만들어진 대중적인 소스로 토마토의 풍미와 향신료가 어우러진 제품이다. 파스타 요리에 주로 사용하며 고기, 채소와 함께 스튜, 소스 재료로 다양하게 활용한다.

5 **스리라차 소스** 태국 고추를 갈아 만든 칼칼한 매운맛과 감칠맛을 가진 소스. 원래 베트남 음식에 사용하는 소스지만 한국 요리와도 잘 어울린다

6 **스위트 칠리** 케첩을 베이스로 한 매콤 달콤하고 상큼한 맛을 내는 소스로 튀김 요리, 고기 요리 등에 사용한다

7 **홀 토마토** 껍질을 벗긴 토마토를 토마토 주스에 재운 것으로, 토마토소스, 파스타, 스튜를 만들 때 간편하게 사용한다. 이탈리아산 제품이 맛이 좋다.

8 발사믹 식초 간장처럼 짙은 색을 띠는 식초로, 백포도를 발효시켜 수년간 숙성시켜 만든 것으로 새콤하면서도 달고 부드러운 맛이 난다. 바싹 졸이면 꿀처럼 걸쭉한 소스가 되는데 '발사믹 글레이즈' 혹은 '발사믹 크림'이라는 이름으로 시판되기도 한다.

9 와인 화이트 와인은 해산물의 비린내를, 레드 와인은 육류의 잡내를 제거하고 육질을 연해지게 한다.

10 굴소스 볶음 요리를 할 때 감칠맛과 풍미를 더해준다. 굴을 발효시켜 만든 소스로 짙은 갈색에 짠맛이 난다. 단맛이 강한 편이므로 너무 많이 넣지 않도록 주의한다.

11 호스래디시 서양식 고추냉이라 할 수 있다. 톡 쏘는 강한 향과 매운맛이 있다. 훈제 연어를 먹을 때 주로 곁들이며 소스, 샐러드드레싱, 생선 요리, 육류 요리에 사용한다.

12 마요네즈 식물성 기름, 노른자, 식초, 소금, 후추를 넣어 만든 소스로 고소하고 짭조름한 맛이 난다. 소스, 샐러드, 샌드위치 등에 다양하게 사용한다.

13 레몬 주스 상큼하고 향긋한 맛과 향을 더한다. 생레몬을 바로 착즙해서 쓰면 가장 좋지만, 한꺼번에 만들어 냉장고에 넣어두고 사용해도 나쁘지 않다. 샐러드나 음료 등에 많이 사용한다. 시판 제품을 사용한다면 생레몬을 착즙한 레몬 주스 100% 제품을 고를 것.

14 옐로 머스터드(아메리칸 머스터드) 핫도그 양념으로 사용되는 미국식 머스터드소스. 밝은 노란빛에 맛이 부드럽다. 꿀과 섞으면 허니 머스터드가 된다. 튀김 요리, 소시지구이 등과 잘 어울린다.

15 안초비 멸치와 비슷한 물고기를 오일에 절인 것으로 파스타, 샐러드, 드레싱에 넣어 짠맛과 깊은 맛을 더한다.

16 밀러 핫앤스위트 소스 핫소스처럼 매콤한 맛에 머스터드의 향도 느껴지는 색다른 맛의 소스로 샌드위치, 버거 등에 잘 어울린다. 무지방, 저칼로리 소스.

17 홀그레인 머스터드 겨자씨를 거칠게 부수어 식초와 향신료를 섞어 만든 머스터드로 매운맛보다는 산미가 강하다. 부드러운 향과 알갱이가 살아 있어 어떤 요리에 첨가해도 음식의 풍미를 더해준다. 육류나 해산물 등의 양념, 각종 소스, 드레싱을 만들 때 섞어 넣어도 좋고, 간단하게 구운 고기에 곁들여 먹어도 맛있다.

18 디종 머스터드 약간 창백한 노란색을 띤 매끄러운 질감의 소스로 부드러우면서도 강한 매운맛이 난다. 와인을 섞어 만들어서 톡 쏘는 맛이 나면서 끝 맛이 부드럽다. 스테이크 같은 육류 요리에 곁들여도 맛있고 해산물과도 잘 어울린다. 햄버거, 샌드위치, 샐러드 소스로도 좋다.

활용도 높은 허브
1
2
3
4
5
6
7
8
9
10

1 **타임** 향이 백 리까지 간다고 하여 '백리향'이라는 이름으로도 불릴 정도로 다른 허브에 비해 강한 향을 가지고 있다. 각종 소스와 생선 및 육류·조개 및 갑각류 요리에 사용하는데 달콤한 맛과 상큼한 향취를 느낄 수 있어 요리의 풍미를 한층 끌어올린다.

2 **이탈리안 파슬리** 일반 파슬리보다 향이 연해서 그대로 다져서 여러 음식에 뿌려 먹기에 좋다. 수프, 파스타, 볶음 요리 등 어디에나 잘 어울려 후춧가루처럼 두루 사용한다.

3 **세이지** 풍미가 강하고 약간 쌉쌀한 맛이 난다. 강한 향이 있어 냄새나는 식재료와 잘 어울린다. 소스, 카레, 돼지고기 요리 등에 사용되며 강한 향기로 고기 요리의 누린내를 눌러준다.

4 **로즈메리** 육류 요리에서 누린내를 잡고 향을 내기 위해 사용한다. 신선한 잎을 따다가 레몬 주스나 홍차에 넣어 마시면 입 안이 향긋해진다. 감자구이를 만들 때 넣어 볶으면 향이 더해져 더 맛있다.

5 **애플민트** 사과와 박하를 섞은 듯한 순한 향기가 나며 주성분인 멘톨 때문에 청량한 향을 즐길 수 있다. 잎을 잘 말려 차로 우려 먹거나 탄산수에 넣어 마시기도 한다. 샐러드에 생잎을 넣어 먹으면 달콤하고 특별한 맛이 난다.

6 **바질** 토마토와 특히 잘 어울리는 허브로 스파게티, 피자, 샐러드 등에 쓰인다. 바질을 잘게 다져 넣은 토마토소스를 사용하면 해물의 비린내를 잡아줘 더욱 담백한 맛을 낼 수 있다. 피망이나 양파와 같이 독특한 향이 있는 재료로 음식을 만들 때 같이 넣으면 좋다.

7 **페페론치노** 이탈리아 고추로 청양고추 이상으로 매운 맛이 난다. 파스타, 소스, 국물·볶음 요리를 할 때 2~3개 정도 넣으면 아주 매운 맛을 낼 수 있다.

8 **프릭키누(쥐똥 고추, 베트남 고추)** 페페론치노 보다 매운 맛이 조금 더 강하며, 유사한 용도로 사용한다.

9 **카옌페퍼** 남아메리카와 아마존에서 자라는 작고 매운 고추로 곱게 가루로 만들어 육류·어류·달걀 요리나 샐러드드레싱, 소스, 크림치즈 등에 사용한다.

10 **월계수 잎** 단맛과 함께 향긋한 향이 난다. 피클, 소스, 육류·생선 요리 등에 많이 사용한다. 육류의 누린내를 잡는 데 탁월하다.

허브 말리기

허브는 보통 팩 단위로 판매하는데, 조금씩만 사용하는 경우가 많아 보통 남게 된다. 이때 남은 것을 냉장고에 두면 상해서 버리기 십상이다. 금방 사용하지 않을 거라면 쟁반에 넓게 펼쳐 햇볕에 말려두면 장기간 사용이 가능하다.

1
2
3
4
5
6
7
8
9
10
11

있으면 좋은 조리 도구

1 **계량컵** 액체나 고체, 가루 종류의 재료의 양을 재는 데 사용한다. 1컵은 200mL이다.

2 **계량스푼** 양념이나 소스 등 재료의 양을 잴 때 사용한다. 기본적으로 1큰술은 15mL, 1작은술은 5mL짜리 숟가락을 사용한다.

3 **파스타 면 계량 도구** 긴 형태의 파스타의 양을 재는 도구. 보통 파스타 면 1인분은 50~100원 동전 지름 정도의 양이다. 참고로 파스타를 삶을 때는 물 1L에 소금 1작은술 정도를 넣으면 적당하다.

4 **노른자 분리기** 달걀의 노른자를 쉽게 분리해준다.

5 **거품기** 반죽을 고루 섞거나 달걀을 곱게 풀 때 사용한다.

6 **그레이터** 파르메산, 체다 등의 하드 치즈의 가루를 낼 때, 시트러스 종류의 과일 껍질을 긁어 제스트를 만들 때 사용한다.

7 **에그 슬라이서** 삶은 달걀을 얇게 슬라이스하거나 부드러운 햄, 치즈 등을 자를 때 사용한다.

8 **필러** 감자, 고구마, 당근 등의 껍질을 벗겨낼 때 사용한다. 오이를 얇게 저밀 때 사용해도 좋다.

9 **스퀴저** 레몬, 라임, 오렌지, 자몽 등 감귤류 과일의 즙을 짤 때 사용한다. 과일을 반으로 잘라 뾰족한 부분에 과육을 으깨 과즙을 얻는다.

10 **실리콘 주걱** 볶음 요리 할 때 많이 사용한다. 소스 만들 때 사용하면 내용물이 고루 잘 섞이고 깔끔하게 덜어 낼 수도 있어 특히 유용하다.

11 **나무 주걱** 팬에서 볶음 요리 등을 할 때, 재료를 뒤섞을 때 사용한다.

소소한 혼밥 팁

장보기

요즘에는 백화점이나 마트에 가보면 한 끼에 맞추어 소분한 작고 예쁘기까지 한 식재료들을 쉽게 만날 수 있다. 조금씩 파는 거라서 단가를 따지자면 좀 더 비싼 편이지만, 남아서 버리는 일이 줄어드니 오히려 절약이 된다. 또 싸다고 약간 물이 간 재료를 사기보다는 질 좋은 재료를 사는 것이 보관해두고 먹을 수 있는 방법이라면 방법이다.

식재료 미리 손질하기

출근 전 아침처럼 빨리 요리를 해야 하는 상황이라면 전날 미리 요리에 필요한 재료를 손질해서 밀폐용기에 넣어 뒀다 사용하면 요리 속도가 빨라진다.

설거지 줄이기

혼자 밥 차려서 먹으려고 할 때 망설이게 되는 가장 큰 이유는 바로 설거지. 조리에서 먹는 것까지 한 그릇으로 해결하는 방법도 있을 테지만, 간단한 한 가지 팁만 말하자면 반찬을 한 접시에 놓기를 추천한다. 접시 하나에 반찬을 조금씩 덜어 먹으면 설거지가 확 줄어든다. 더 큰 접시에 밥까지 같이 덜어 먹으면 더 간단하게 끝난다. 제발 반찬통을 통째로 꺼내 늘어놓고 먹지는 말자. 무엇보다 반찬이 쉽게 상할 우려가 있고, 먹을 때 기분도 별로 좋지 않으니까.

CHAPTER 1

면

복잡한 거 싫을 때
혼자 금방 차려 먹기 가장 편한 메뉴

카르보나라

나는 예쁜 게 좋다. 예쁜 걸 좋아하는 건 천성이자 직업병이다.

음식을 그릇에 옮길 때면 나도 모르게 면을 돌돌 말고 있고, 밥알을 한 알 한 알 담고 있다.

뭔가 이상하고 어색하고 안 예쁘면 못 참는 피곤한 사람.

그래서 가끔은 그냥 빨리 먹으려고 일부러 재료도 막 썰고 그릇에도 대충 담는다.

하지만 혼자 먹을 때는 가급적 예쁘게 차려놓고 먹으려고 한다.

나를 위로하는 소중한 순간이니까.

재료 / 1인분

스파게티 면 1인분(손으로 쥐어서 100원 동전 지름 정도)·
달걀 1개·달걀노른자 1개·파르메산 치즈 가루 4큰술·
베이컨 2줄·마늘 2쪽·올리브유 1큰술·소금 약간·
후춧가루 약간

1 큰 볼에 달걀과 달걀노른자를 풀고 파르메산 치즈를
섞는다. 물에 소금을 넣고 팔팔 끓으면 스파게티 면
을 넣고 8분 정도 삶는다.

2 달군 팬에 올리브유를 두르고 슬라이스한 마늘과 적
당한 크기로 썬 베이컨을 볶다가 **1**의 면과 면수 1/2
컵을 넣고 볶은 다음 볼에 옮겨 식힌다.

3 면이 식으면 **1**에서 만든 소스를 넣고 버무려서 그릇
에 담고 후춧가루를 뿌려서 낸다. 기호에 따라 소금
이나 파르메산 치즈를 더 넣어 간을 맞춘다.

생토마토파스타

해가 남쪽 높이 떴다가 서쪽으로 움직이는 오후 3시부터 5시 무렵은 내가 제일 좋아하는 시간이다.

그때는 작업했을 때 크게 신경 쓰지 않아도 아주 예쁜 사진이 나온다.

요리조리 찰칵거리다가 SNS 포스팅 하나 해놓고, 구경하면서 먹는 재미가 꿀맛이다.

오늘도 이 시간을 놓치기 싫어 냉장고에서 기가 막히게 예쁘게 익은 토마토를 꺼내

간단 레시피로 기본 토마토 파스타를 만들어봤다.

짭짤이 토마토처럼 단맛이 있으면서 육질이 단단한 토마토를 사용하면 더 맛있다.

재료 / 1인분

스파게티 면 1인분(손으로 쥐어서 100원 동전 지름 정도) · 토마토(큰 것) 1개(작은 것 2개) ·
바질 잎 6장 · 이탈리안 파슬리 약간(파슬리 가루로 대체하거나 생략 가능) · 다진 마늘 1/2작은술 ·
올리브유 1큰술(기호에 따라 약간 더) · 소금 약간 · 후춧가루 약간

1 토마토, 바질, 파슬리는 사방 5~7mm 정도로 굵게 다진다.

2 냄비에 물과 소금을 넣은 후 끓으면 스파게티 면을 넣어 8분 정도 삶는다.

3 볼에 **1**과 다진 마늘, 올리브유, 소금, 후춧가루를 넣고 섞은 다음 **2**의 삶은 면을 넣는다.

4 **3**의 재료를 잘 버무려서 접시에 담는다. 기호에 따라 올리브유, 파르메산 치즈를 더 뿌려도
   좋다.

깻잎페스토파스타

종일 책상에 앉아 세금 신고를 했다. 미루고 미루다 마감일이 다 되어서야 겨우 시작.

바쁜 오늘의 메뉴는 금방 만들 수 있으면서 맛도 좋은 내 사랑 파스타로 결정.

비상식량 페스토가 있으니까 이렇게 얼른 때워야 할 때도 걱정이 없다.

오늘은 보통 먹는 스파게티 면 대신 푸실리로 골라봤다.

빙글빙글 꼬인 나사 모양에 페스토가 쏙쏙 들어가서 더 맛있게 느껴진다.

뭔가 색다른 면을 시도해보고 싶다면 푸실리를 추천!

재료 / 1인분

푸실리 1컵 · 방울토마토 3개 · 깻잎 페스토 2~3큰술(만드는 법 230쪽 참고) ·
올리브유 약간(페스토 농도에 따라 첨가) · 그라나파다노 치즈 약간(생략 가능) · 소금 약간

1   방울토마토는 깨끗이 씻은 뒤 반으로 잘라서 준비한다.

2   끓는 물에 소금을 넣고 푸실리를 8~9분간 삶은 다음 체에 밭쳐둔다.

3   큰 볼에 준비한 방울토마토와 2의 푸실리를 넣고 페스토를 넣어 버무린다. 간이 부족하면 소
      금을 약간 추가한다.

4   그릇에 3을 남고 그라나파다노 치즈를 갈아서 위에 올린다.

갑자기 손님 오는 날

명란파스타

"오늘 놀러 올래?" "좋아요!"

집에 누군가 놀러 올 때는 보통 이렇게 급하게 청하고 갑작스럽게 만난다.

오늘의 게스트는 나의 첫 스태프였던, 이젠 친구 같은 Y.

예전에 파스타 좋아한다고 했던 것이 생각나 마침 있는 명란을 넣고 만들어보기로 한다.

손님이 내 요리를 잘 먹어주고 맛있다고 해주면 그렇게 좋을 수가 없다.

진짜 맛 괜찮았던 거 맞지? 응?

재료 / 1인분

스파게티 면 1인분(손으로 쥐어서 100원 동전 지름 정도) ·
양파 1/4개 · 마늘 2쪽 · 명란 2덩어리(1큰술) · 김 약간(생략 가능) ·
올리브유 적당량 · 소금 약간 · 후춧가루 약간

1 냄비에 물과 소금을 넣고 끓으면 스파게티 면을 넣어 8분 정도 삶는다.

2 양파는 껍질을 벗겨 채 썰고 마늘은 얇게 썬다. 명란은 적당한 크기로 잘라 껍질을 벗긴다.

3 팬에 올리브유를 두르고 양파와 마늘을 넣어 노릇하고 투명해지도록 볶는다.

4 3에 1의 스파게티 면을 넣고 다시 볶는다.

5 4에 명란을 넣고 재빨리 볶은 후 소금과 후춧가루로 간한다.
   (명란의 염도에 따라 다르므로 맛을 먼저 보고 조절)

6 5의 파스타 위에 4cm 길이로 채 썬 김을 올린다.

포모도로

수험생 시절, 한밤중에 언니랑 둘이 부모님께 들킬까 봐 조심하며
부엌에서 파스타를 만들어 먹곤 했다.
파스타에 대한 나의 애정은 이즈음부터 깊어졌나 보다.
새벽 3시에 먹는 파스타는 꿀맛이다. 모차렐라 치즈를 얹어 그라탱을 만들어 먹어도 굿.
시험 공부하다 말고 라면도 아니고 파스타를 만들어 먹었던 우리 자매,
생각해보면 좀 특이하긴 했다.

재료 / 1인분

펜네 1컵 • 홀 토마토 통조림 1/3캔 • 양파 1/4개 • 마늘 2쪽 • 바질 잎 약간 • 파슬리 약간 •
올리브오일 2큰술 • 소금 약간 • 후춧가루 약간

1 펜네는 끓는 물에 소금을 넣고 8분간 삶고, 마늘과 양파는 곱게 다지고, 홀 토마토는 큰 덩어
  리는 눌러 적당히 으깨어둔다.
2 달군 팬에 올리브유를 1큰술 두른 뒤 **1**의 다진 마늘과 양파를 넣고 노릇노릇하게 향이 나도
  록 약한 불에서 볶는다
3 홀 토마토를 함께 넣어 중간 불에서 걸쭉해지도록 끓인 뒤 소금, 후춧가루로 간을 한다.
4 **1**의 삶아둔 펜네, 잘게 찢은 바질이나 파슬리를 넣어 버무리듯 한 번 볶은 다음 올리브유를
  1큰술 정도 넣고 잘 섞어 완성한다.

게살크림우동

한창 어시스트로 일할 때 근처 분식집에서 김밥이나 도시락 같은 것을 자주 시켜 먹곤 했다.

하루는 매일 똑같은 메뉴가 너무 지겨워져서 안 먹어본 크림우동을 시켜봤는데

크림의 고소함과 오동통한 우동 면이 잘 어우러진 맛이 맘에 들어 한동안 즐겨 먹었었다.

마침 냉장고에 크래미랑 생크림이 남아 있길래 그때 맛을 떠올리며 한번 만들어보기로 했다.

크래미가 없다면 빼도 OK. 생크림은 넣는 편이 맛있지만

없으면 우유 한 컵에 크림치즈 한 큰술 정도로 바꿔도 된다.

재료 / 1인분

우동 면 1봉지 · 크래미 2개 · 양파 1/4개 · 마늘 2쪽 · 쪽파 약간 · 생크림 1컵 ·
마요네즈 1/2큰술 · 올리브유 1~2큰술 · 소금 약간 · 후춧가루 약간

1 크래미는 손으로 가닥가닥 찢고, 양파는 채 썰고, 마늘은 편으로 썰고,
   쪽파는 송송 썬다.
2 끓는 물에 우동 면을 데친 다음 체에 밭쳐 물기를 뺀다.
3 달군 팬에 올리브유를 두르고 약한 불에서 **1**의 양파와 마늘을 넣고 양
   파가 투명해질 때까지 볶는다.
4 **3**의 팬에 생크림과 마요네즈를 넣고 약한 불에서 끓인 뒤 소금과 후춧
   가루로 간을 한다. 소스가 끓으면 우동 면, 크래미의 반 정도를 넣어 고
   루 섞은 뒤 불을 끈다.
5 남은 크래미를 올리고 위에 쪽파를 뿌린다.

쇠고기볶음쌀국수

"뭐 좋아해?" 하고 물으면 항상 "고기!" 하고 대답하는 친구를 떠올리며
볶음쌀국수에 쇠고기를 넣은 요리를 해봤다.
고기를 너무 듬뿍 넣어서 고기볶음인지, 볶음국수인지 알 수 없게 되어버렸지만
뭐, 맛있으면 된 거다. 조만간 그 친구를 불러 맛보게 해야겠다.

재료 / 1인분

불고기용 쇠고기 80g · 볶음용 쌀국수 1인분 · 숙주 100g · 청경채 1개 · 대파 20cm 1토막 · 마늘 2쪽 ·

쥐똥 고추 또는 페페론치노 2~3개 · 녹말물 1/2큰술(녹말가루 1/2큰술 + 물 1/2큰술) · 식용유 3큰술 ·

소금 약간 · 후춧가루 약간

소스 간장 1큰술 · 굴소스 2큰술 · 올리고당 1큰술 · 다진 마늘 1큰술 · 물 1/2컵

고기 밑간 다진 마늘 1/2작은술 · 소금 약간 · 후춧가루 약간

1 마늘은 편으로 썰고 대파는 어슷하게 썬다. 청경채는 밑동을 잘라내고 매운 고추는 손으로 적당히 자른다.

2 쇠고기에 밑간 재료를 넣어 간해둔다. 쌀국수는 볼에 넣고 끓는 물을 부어 2분 정도 뒀다가 찬물에 헹군 다음 체
　에 밭쳐둔다.

3 달군 팬에 식용유를 1큰술 두르고 2의 쇠고기를 센 불에서 살짝 익혀 덜어둔다.

4 팬에 식용유 2큰술을 두르고 중간 불에서 1의 마늘, 대파, 매운 고추를 넣고 향이 배어나도록 노릇하게 볶은 뒤 소
　스 재료를 모두 넣고 끓인다.

5 4의 소스가 끓어오르면 2의 쌀국수와 3의 쇠고기를 넣어 고루 섞이도록 볶은 다음 녹말물을 적당히 넣어 농도
　를 맞춘다.

6 5에 청경채, 숙주를 넣고 살짝 볶아 숨이 죽으면 소금과 후춧가루로 간을 맞춘다.

김치 비빔국수

김치 맛은 집집마다 정말 다 다른데, 역시 내 입에는 우리 엄마 김치가 제일 맛있다.

안 익어도 맛있고, 익어도 맛있고…. 설명하기 힘든 깔끔하고 시원한 맛이 난다.

거의 바닥을 보이기 시작한 김치로 오늘은 비빔국수를 만들어보기로 했다.

역시 김치만 맛있으면 뭘 만들어도 기본 이상은 한다.

재료 / 1인분

중면 1인분(손으로 쥐어서 100원 동전 지름 정도)・연어 통조림(작은 것) 1/2캔・쌈채소 1줌・

배추김치 1/2컵(김칫국물도1/2큰술 정도)・고춧가루 1/2큰술・간장 1/2큰술・

매실청 1큰술(꿀, 올리고당, 설탕 등으로 대체 가능)・참기름 1작은술・통깨 약간

1 쌈채소는 깨끗이 씻어 굵게 채 썰고, 연어는 기름기를 제거해둔다.

2 김치는 잘게 썰어 고춧가루, 간장, 매실청, 참기름, 통깨를 넣어 버무린다.

3 끓는 물에 중면을 삶다가 끓으면 찬물을 1컵 넣고, 다시 끓어오르면 한 번 더 찬물을 넣고 5
   분 정도 더 끓인다. 다 삶아지면 찬물에 헹군 다음 체에 밭쳐 물기를 제거한다.

4 그릇에 3의 삶은 중면을 담고 그 위에 1의 연어와 쌈채소, 2의 김치를 올려 완성한다.

참치비빔라면

내 입맛이 촌스러운 건지, 아니면 여행 징크스가 있는 건지 여행을 가면 배탈이 자주 난다.
여행지에서 먹는 새로운 음식도 좋지만 역시 내 입맛엔 집밥이 최고!
오늘도 부엌을 뒤져 나를 위한 밥을 신나게 만든다.
여름날이면 생각나는, 왼손으로 비비고 오른손으로 비벼줘야 하는 비빔면이 오늘의 메뉴.
이것저것 조금만 추가하면 훨씬 더 맛있게 먹을 수 있다.

재료 / 1인분
비빔 라면 1봉지 · 참치 통조림(작은 것) 1/2캔 ·
베이비채소 1줌 · 참기름 1/2큰술 · 식초 2큰술 ·
올리고당 1큰술 · 후춧가루 약간 · 통깨 약간

1 참치는 기름기를 제거해두고 베이비채소는 흐르는
  물에 씻어 먹기 좋게 채 썬다.
2 끓는 물에 비빔면을 넣고 삶은 뒤 찬물에 충분히 헹
  궈 물기를 제거한다.
3 2의 면에 비빔면 양념, 참기름, 식초, 올리고당, 후
  춧가루를 넣어 고루 버무린 다음 1의 베이비채소와
  참치를 올리고 통깨를 뿌려 완성한다.

블랙 데이. 원래 이런 거 안 챙기지만, 핑계 김에 짜장면 한번 만들어 먹는 걸로.

냉장고 뒤져서 넣고 싶은 건 뭐든 넣어도 된다. 물론 없으면 안 넣어도 되고.

이번에는 양파를 좀 볶고, 주키니호박이 방치되어 있길래 그것도 약간 넣었다.

여기에 오징어만 있었으면 해물 쟁반 짜장인데 아쉽~

나만의 짜장 라면 꿀팁이 있는데, 바로 다 끓이고 나서 깨소금이랑 고춧가루를 넣어주는 것.

그렇게 하면 사천 짜장처럼 매콤한 맛도 나고 훨씬 고소해진다.

재료 / 1인분

짜장 라면 1봉지 · 양파(큰 것) 1/4개 · 주키니호박 1/4개 · 고춧가루 약간 · 깨소금 약간 · 식용유 1큰술

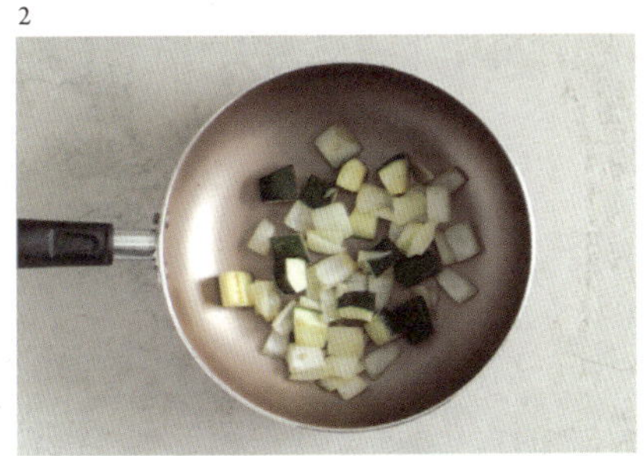

1 양파와 주키니호박은 먹기 좋은 크기로 큼직하게 썬다.

2 달군 팬에 식용유를 두르고 썰어둔 양파와 주키니호박을 볶는다.

3 **2**에 짜장 소스를 함께 넣어 살짝 볶아둔다.

4 끓는 물에 라면 면을 5분 정도 삶아 건진 뒤 **2**의 팬에 넣고 함께 볶는다. 농도에 따라 면수를
   약간 넣어줘도 좋다. 고루 섞이면 접시에 담고 깨소금과 고춧가루를 뿌려 완성한다.

볶음 짬뽕

라면은 웬만하면 안 먹으려고 노력하지만 혼자서 간단하게 먹을 땐 이것만큼 편한 게 없다.

그래도 그냥 먹는 건 재미없으니깐 조금 허세를 첨가하여 맛있게 만들어본다.

이번에는 국물 짬뽕 라면을 아예 볶음 짬뽕으로 변신시키기.

요즘 한창 유행하는 짬뽕 라면을 이용했더니 한결 그럴싸한 맛이 난다.

여기에 해산물까지 곁들이면 기본 이상 맛은 확실히 보장!

재료 / 1인분

짬뽕 라면 1봉지 · 홍합 8∼9개 · 주키니호박 5cm 1토막 · 당근 3cm 1토막 · 오징어(몸통만) 1마리 ·
양파(중간 크기) 1/2개 · 대파 20cm 1토막 · 식용유 적당량 · 깨소금 약간

1 오징어는 칼집을 넣어 1×7cm 정도 크기로 썰고, 주키니호박과 당근은 반달 모양으로 얇게
   썰고, 양파는 채 썰고, 대파는 어슷하게 썬다. 라면은 삶아서 찬물로 식혀 체에 받쳐둔다.

2 홍합은 소금물에 담가 해감한 뒤 흐르는 물에서 문질러 깨끗이 닦아 껍질에 붙어 있는 불순
   물을 제거한다.

3 달군 팬에 식용유를 두르고 준비한 1의 채소를 볶는다.

4 3의 팬에 라면 액상 수프와 손질한 오징어를 넣고 볶다가 2의 홍합을 넣어 홍합 껍질이 벌어
   질 때까지 볶은 뒤 1의 삶은 라면을 넣어 버무리듯 마저 볶는다. 여기에 깨소금을 1/2큰술 정
   도 곁들이면 더 맛있다.

베트남쌀국수

스태프로 일할 때 큰 작업이 끝나고 나면 대단원의 마무리는 항상 새벽 쌀국수였다.

정리까지 다 끝내고 나면 막차는 벌써 끊긴 시간이기 일쑤였고

그때 갈 만한 집은 새벽까지 문을 여는 쌀국수집밖에 없어서였다.

뜨거운 국물의 쌀국수를 먹고 나서야 택시 타고 꾸벅꾸벅 졸며 집으로 향했다.

지금도 힘든 일이 끝나고 나면 따뜻한 쌀국수 국물이 생각나는 건, 아마도 그때의 기억 때문인 것 같다.

재료 / 1인분

쌀국수(가는 면) 160g · 양파 1/8개 · 숙주 1줌 · 라임(레몬으로 대체 가능) 1/2개 ·

고수 약간(기호에 따라 빼도 됨) · 홍고추 약간 · 피시 소스 약간(액젓으로 대체 가능) ·

육수　쇠고기(사태) 150g · 양파(작은 것) 1/2개 · 대파 흰 부분 10cm 1토막 ·

마늘 3쪽 · 통후추 1/2작은술 · 물 4컵

1　고기는 찬물에 담가 핏물을 제거하고, 쌀국수는 미지근한 물에 20~30분 불린 다음 끓는 물
　에 살짝 데친다.

2　냄비에 육수 재료를 모두 넣고 중간 불에서 약 30~40분 끓인 뒤 체에 걸러 피시 소스로 간을
　맞춘다.

3　2의 육수에서 건져낸 고기는 얇게 저미고, 고추는 어슷하게 썰고, 라임은 반으로 자르고, 숙
　주와 고수는 씻어 준비한다.

4　그릇에 1의 쌀국수를 담고 숙주와 3의 고기를 올리고 2의 육수를 붓는다. 홍고추, 고수, 라
　임, 채 썬 양파를 곁들여 낸다.

골뱅이비빔국수

수족냉증을 달고 사는 난 조금만 추워져도 손발이 엄청 차가워진다.

이건 수족냉증을 앓고 있는 사람들만이 아는 고통. 손난로, 수면 양말은 필수다.

요리하다 보면 찬물이나 얼음 만지는 게 다반사라

아파도 그냥 그런가 보다 하면서 참는데, 가끔은 조금 서럽기도 하다.

오늘도 손 시림을 참아내고, 국수를 탱탱하게 삶아본다.

재료 / 1인분

통조림 골뱅이 3~4개 · 당근 1.5cm 1토막 · 오이 1.5cm 1토막 · 깻잎 순 또는 깻잎 1컵 ·
중면(또는 소면) 1인분(손으로 쥐었을 때 100원 동전 지름 정도)
양념장 통조림 골뱅이 국물 2큰술 · 고춧가루 1큰술 · 간장 1큰술 · 올리고당 1큰술 · 식초 1/2큰술 ·
참기름 1/2큰술 · 후춧가루 약간

1   골뱅이는 0.5cm 정도 두께로 얇게 썰고, 당근과 오이는 채 썰고, 깻잎은 씻어서 물기를 제거
    한다.

2   양념장 재료를 모두 섞어둔다.

3   끓는 물에 면을 삶아 찬물로 헹궈 준비한다.

4   그릇에 3의 면을 담고 1의 재료를 모두 올려 2의 양념장과 함께 낸다.

CHAPTER 2

밥

쌀밥이 먹고 싶은 날
반찬 필요 없이 간단하게

일요일 여유 부리기

달걀소보로참치마요덮밥

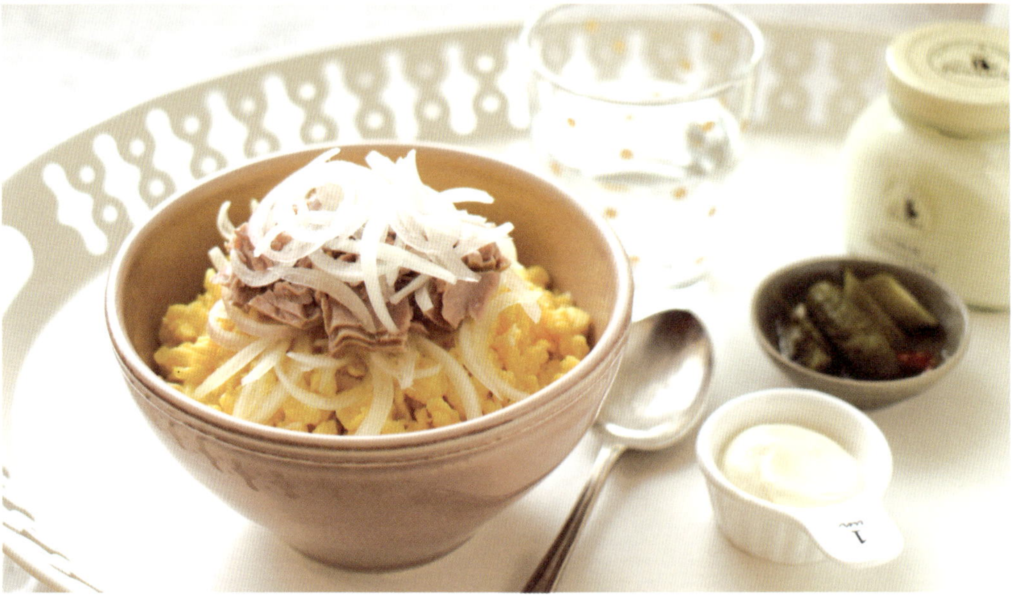

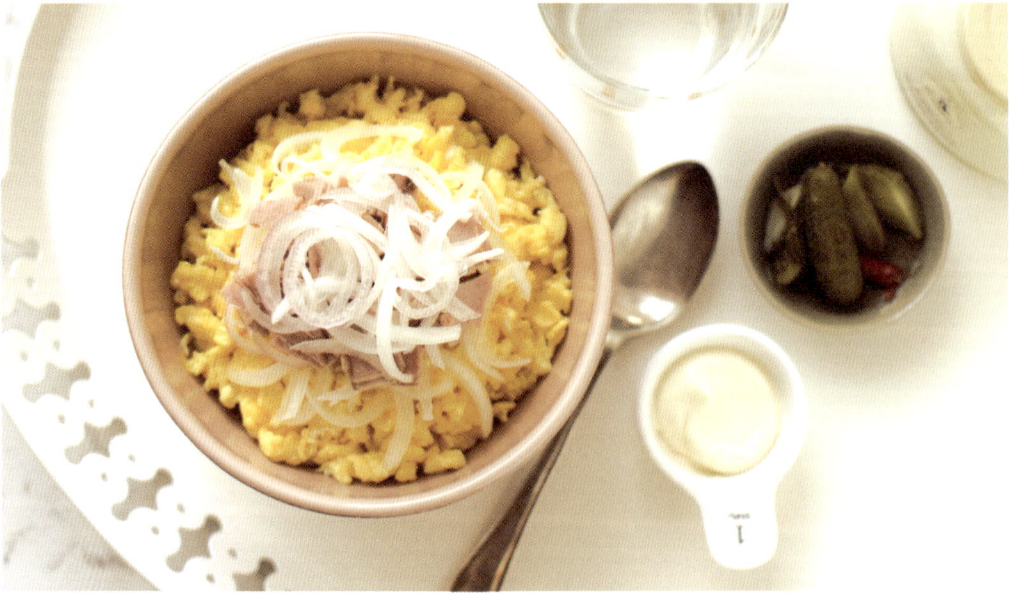

일요일 오후, 빛이 가득 들어오는 창가에서 하얀색 트레이 앞에 앉아 먹는 밥은 언제나 꿀맛이다.

이런 햇살을 느끼는 순간은 금방 지나가 버리니까 후다닥 만들어서 맛있게 호로록!

스크램블은 절대로 너무 오래 익히면 안 된다. 촉촉함이 포인트.

긴장하며 보냈던 일주일을 뒤로하고 맛있는 음식도 먹고 스트레칭도 하면서 실컷 뒹굴뒹굴해본다.

월요일은 금방 또 찾아올 테니까… 이 순간을 만끽해야지.

1

1 참치는 체에 밭쳐 기름기를 제거하고, 양파는 얇게 채 썰어 찬물에 담가둔다.

2 작은 볼에 달걀을 풀고 소금과 후춧가루로 간한 다음 식용유를 두른 달군 팬에 넣고 젓가락으로 휘저어 익혀 스크램블로 만든다.

3 그릇에 밥을 담고 준비한 달걀 스크램블, 참치, 양파를 얹고 기호에 따라 마요네즈를 곁들인다.

2

3

버섯볶음밥

혼밥의 단골 메뉴는 역시 볶음밥!

오늘은 찌개 끓이고 남은 버섯을 썰어 넣고 밥이랑 달달달 볶아봤다.

마늘도 많이 넣고 청양고추도 잔뜩.

청양고추 양은 그날 스트레스 정도에 비례하는데 오늘은 좀 많이 넣어본다.

여기에 엄마가 싸준 밑반찬을 곁들이면 완벽하다.

유난히 엄마가 보고 싶은 저녁이다.

재료 / 1인분

밥 1공기 • 느타리버섯 1줌 • 마늘 3개 • 청양고추 1개 • 간장 1큰술 • 참기름 1/2작은술 •
식용유 2큰술 • 소금 약간 • 후춧가루 약간

1 버섯은 먹기 좋은 크기로 찢거나 썰고, 마늘은 편으로 썰고, 고추는 어슷하게 썬다.

2 달군 팬에 식용유를 두르고 마늘을 먼저 넣고 노릇하게 볶다가 버섯, 청양고추를 넣어 볶는다.

3 2의 팬에 밥을 넣고 고슬고슬하게 볶는다.

4 3의 밥에 간장을 넣어 색을 내며 고루 볶은 뒤 소금과 후춧가루로 간을 맞춘다. 마지막에 참
   기름을 뿌리고 살짝 섞어 낸다.

새우아스파라거스볶음밥

날짜도 요일도 생각나지 않는 멍한 어느 날,
아는 기자가 메시지를 보내 오늘 아노미 상태라고 밥도 먹기 싫다고 한다.
그런데 생각해보니 나도 종일 밥을 안 먹었다. 시간도 없었지만 별로 먹고 싶지 않기도 했다.
우울해서 안 먹은 건지, 밥을 안 먹어서 우울해진 건지 모르겠다.
일단은 먹자. 배가 불러야 기분이 좋고 행복해지는 법이니까.
이것저것 넣고 만능 재료인 굴소스까지 더해 고슬고슬 볶아본다. 이럴 때일수록 맛있게 먹는 거다.

재료 / 1인분

새우 살 5~6개(대하 3마리) • 아스파라거스 2개 • 베이컨 1줄 • 밥 1공기 • 굴소스 1큰술 •
식용유 1큰술 • 파슬리(또는 파슬리 가루) 적당량 • 후춧가루 약간

1   아스파라거스는 적당한 길이로 어슷하게 썰고, 새우 살은 먹기 좋게 자르고, 베이컨은 1cm
    폭으로 썬다.

2   달군 팬에 식용유를 두르고 베이컨을 노릇하게 볶다가 아스파라거스와 새우 살을 넣고 노릇
    해지도록 볶는다.

3   아스파라거스가 살짝 익었을 때 밥을 넣고 고슬고슬하게 잘 볶는다.

4   굴소스를 넣고 고루 섞이도록 볶은 다음 후춧가루를 뿌려 마무리한다. 접시에 담고 파슬리를
    위에 얹어 낸다.

버섯 리소토

혼자 사는 사람들에게는 광합성이 특히 중요하다. 마음을 컨트롤하는 데 광합성만큼 좋은 건 없다.

혼자 밥을 먹을 때에도 햇살이 가득한 창가에 앉아서 하늘 구경 하면서 먹으면 훨씬 더 맛있다.

항상 남아 상해서 버리는 표고버섯을 손으로 쭉쭉 찢어서 창가에 두었더니

바짝 잘 말랐길래 몇 조각 집어 육수에 퐁당 넣어봤다.

냉장고에 두다가 상해서 버리곤 했는데 이렇게 좋은 방법을 이제서야 알게 되다니.

오늘 만든 버섯 리소토가 한결 더 감칠맛이 나는 건 기분 탓이 아닐 거다.

느타리버섯 2줌 • 밥 1공기 • 마늘 3쪽 • 그라나파다노 치즈 간 것 1큰술 • 우유 50mL •

채소 육수 2/3컵(기호에 따라 조절) • 올리브유 2큰술 • 소금 약간 • 후춧가루 약간

채소 육수 표고버섯 1개 • 양파 1/4개 • 당근 5cm 1토막 • 물 2컵

1 냄비에 채소 육수 재료를 모두 넣고(표고버섯, 당근은 4등분) 10분 정도 끓여서 육수를 낸다.

2 느타리버섯은 먹기 좋은 크기로 손으로 찢고, 마늘은 편으로 썬다.

3 팬에 올리브유를 두르고 마늘을 볶다가 노릇해지면 **2**의 느타리버섯을 넣어 노릇하게 볶는
   다. 육수에 넣었던 표고버섯도 건져서 같이 넣는다.

4 **3**의 팬에 밥을 넣고 우유와 채소 육수를 약간씩 첨가하면서 볶듯이 자작하게 끓인다. 여기에
   그라나파다노 치즈와 소금, 후춧가루를 넣어 간을 맞춘다.

들깨 버섯덮밥

예전에 버섯덮밥을 사 먹은 적이 있는데 건강해지는 기분이 드는 기분 좋은 맛이었다.

버섯이 들어가 있었고, 들깻가루도 있었다. 국물은 마치 크림소스처럼 진득한 느낌이었고,

오늘은 그 맛을 떠올려 한번 만들어보기로 했다.

이렇게 예전에 먹었던 기억을 더듬어 요리를 하는 건 나름 흥미진진하다.

탐정 놀이처럼 재료를 더해가며 맛의 퍼즐을 맞춰가는 즐거움이 있다.

재료 / 1인분

표고버섯 2~3개 • 버섯(느타리, 새송이 등) 1줌 • 밥 1공기 • 양파 1/2개 • 육수 1컵 • 두유(달지 않은 맛) 2/3컵 •
들깻가루 2~3큰술 • 찹쌀가루 1큰술 • 들기름 약간 • 식용유 1큰술 • 소금 약간

육수 다시마(5×5cm) 1장 • 물 2컵(쌀뜨물을 쓰면 더 좋음)

1 버섯은 먹기 좋은 크기로 자르거나 손으로 찢고, 양파는 채 썬다.

2 육수 재료와 표고버섯의 기둥을 함께 넣고 끓여 육수를 낸다.

3 달군 팬에 식용유를 두르고 양파와 버섯을 살짝 볶는다.

4 **3**의 양파가 투명해지면 **2**의 육수, 두유, 들깻가루, 찹쌀가루를 넣어 한소끔 끓인 뒤, 불을 끄
고 기호에 따라 들기름과 소금을 더해 간을 맞추고 밥 위에 부어 낸다.

육수를 1컵 더 넣으면 들깨 버섯탕이 된다.

보리리소토

예뻐지고 싶은 건 나를 포함한 모든 여자들의 영원한 희망 사항.

패션의 완성은 얼굴과 몸매라는데…. 난 부모님이 주신 좋은 피부라도 좀 지켜보자 싶다.

'탱글탱글 탱탱한 피부'를 떠올리다 보니 문득 보리가 생각났다.

그냥 스치듯 떠오른 건데 진짜 피부에 좋으려나? 이럴 땐 폭풍 검색!

두둥~ 피부 영양제, 피지 생성 억제, 다이어트 식품! 안 좋은 데가 없다.

탱탱한 피부를 만들어준다는 이 좋은 보리를 넣어 리소토를 만들어본다.

재료 / 1인분

찰보리 1/2컵 · 두툼한 베이컨 2줄 · 대파 흰 부분 20cm 1토막 · 마늘 2쪽 · 케일 3~4장 ·

화이트 와인 25mL · 채소 육수 2컵 · 타임 1줄기 · 파르메산 치즈 가루 2큰술 · 올리브유 2큰술 · 소금 약간

채소 육수 물 2+1/2컵 · 당근 7cm 1토막 · 샐러리 줄기 10cm 1토막 · 양파 1/4개 ·

대파 녹색 부분 20cm 1토막 · 통후추 3개

1   냄비에 채소 육수 재료를 모두 넣고 끓기 시작하면 약한 불로 줄여 15분 정도 끓인다.

2   베이컨은 한 입 크기로 자르고, 대파는 송송 썰고, 마늘은 얇게 슬라이스한다. 케일은 반으로 갈라 1.5cm 정도 폭
    으로 채 썬다. 찰보리는 체에 밭쳐 흐르는 물에 살짝 씻어 준비한다.

3   달군 냄비에 올리브유를 1큰술 두르고 약한 불로 베이컨을 노릇하게 굽다가 파와 마늘을 넣고 역시 노릇하게 익
    힌 다음 재료들을 체에 밭쳐서 기름을 제거한다. 팬에 남은 기름도 따라 버린다.

4   그 냄비에 올리브유를 1큰술 두르고 보리를 넣어 살짝 볶다가 화이트 와인을 부어 알코올 성분을 날린다.

5   뜨거운 1의 채소 육수와 타임을 넣고, 파르메산 치즈 가루 1큰술과 소금을 넣은 후 뚜껑을 덮고 중간 불에서 20
    분 정도 끓인다.

6   보리가 탱글하게 익었으면 불을 끄고 케일과 3의 볶아둔 재료들을 넣고 저어 남은 열로 익힌다. 그릇에 담고 가
    니시로 파르메산 치즈 가루 1큰술을 올린다.

달군 팬 위에 닭고기를 올리고 지글지글 노릇하게 굽다가

데리야키 소스를 끼얹어 조린 다음 즉석밥 한 개 전자레인지에 데워

소스를 얹어 내면 맛있는 한 끼 완성.

알고 보면 라면 끓이기보다 더 쉬운 음식.

반찬 만들기 귀찮고 적당히 든든한 밥 먹고 싶을 때 딱 좋은 메뉴다.

재료 / 1인분

닭 다리살 2덩어리 • 밥 1공기 • 데리야키 소스 1큰술 •

취청오이 2~3cm 1토막(어슷하게 썰어서 3~4조각) •

땅콩 7~8개 • 식용유 약간

데리야키 소스 간장 1큰술 • 맛술 1큰술 • 설탕 1/2큰술

1 달군 팬에 식용유를 두르고 닭 다리살을 껍질 부분
부터 노릇하게 굽는다.

2 팬의 기름기를 살짝 닦아내고 분량의 재료로 만든
데리야키 소스를 넣어 윤기 나게 조린다.

3 그릇에 밥을 담고 **2**의 데리야키 치킨을 얹은 다음
잘게 부순 땅콩과 어슷하게 썬 오이를 곁들인다.

스테이크덮밥

이런 기분이 드는 날이 있다. 가슴 한쪽이 뻥 뚫려버린 것 같은 기분.

이럴 땐 속이라도 든든히 채워주면 기분 전환이 될까 싶어 냉장고 속 고기를 찾아본다.

곁들일 음식을 떠올리다 보니 어릴 때 아빠가 가끔 만들어주셨던 간장 버터 밥이 생각났다.

왠지 아빠가 만들 때 더 맛있었던 간장 버터 밥에 맛난 스테이크 한 점.

기분 꿀꿀할 땐 역시 배부른 게 최고다.

재료 / 1인분

스테이크용 쇠고기(채끝, 등심 등) 200g · 밥 1공기 · 마늘 3쪽 · 버터 1큰술 · 간장 2작은술 · 소금 약간 ·
후춧가루 약간 · 올리브유 1큰술 · 파슬리 약간(생략 가능)

1   고기는 사방 2.5cm로 잘라 소금과 후춧가루로 밑간해두고, 마늘은 편으로 썬다.

2   팬에 올리브유를 두르고 마늘이 노릇해지도록 볶아 마늘 향이 배어나면 따로 꺼내둔다.

3   **2**의 팬에 **1**의 고기를 올려 센 불에서 빠르게 굽는다.

4   고기를 구워낸 팬의 기름기를 조금 닦아내고, 그대로 버터를 녹여 밥을 고슬고슬하게 볶은 뒤
    불을 끄고 간장과 후춧가루로 간을 맞춘다. 그릇에 밥을 담고 구워둔 마늘과 고기를 올리고 파
    슬리를 뿌려 낸다.

캘리포니아롤맛덮밥

캘리포니아 롤을 만들려고 재료를 다 사 왔는데 갑자기 손에 묻히며 말기가 귀찮아졌다.

사실 롤은 전문가처럼 잽싸게 말지 못하면 재료의 신선한 맛이 떨어지기 쉽다.

지난번에도 잘 만들어보려고 아보카도 감싼다고 주물럭거리다가 미지근한 맛의 롤을 먹고 말았다.

그래서 오늘은 덮밥으로 변신시키기. 귀찮음은 새로운 발견을 가져다주기도 한다.

재료 / 1인분

밥 1공기 · 크래미 2개 · 완숙 아보카도 1/2개 ·
오이 2cm 1토막 · 마요네즈 약간 · 통깨 약간

1 크래미는 잘게 찢고, 아보카도는 슬라이스하고, 오
  이는 곱게 채 썬다.
2 밥을 그릇에 담고 아보카도, 오이, 크래미 순으로 올
  린다.
3 2 위에 마요네즈를 뿌리고 통깨를 솔솔 뿌린다.

젓갈볶음밥

늦게까지 촬영하고 집으로 돌아온 밤.

배가 고파 냉장고를 뒤져봤더니 엄마가 주신 낙지젓이 딱 한 숟가락 남아 있었다.

흰밥에 그냥 먹어도 괜찮지만, 오늘은 맵고 약간 자극적이고 맛난 거 먹고 싶으니까

피곤해도 잠깐 꼼지락거려서 그럴싸하게 먹기로 한다.

많은 것도 필요 없다. 달걀 한 알과 잠깐의 휘적거림이면 충분.

재료 / 1인분
낙지젓 1큰술(수북하게) · 밥 1공기 · 양파(작은 것) 1/2개 · 간장 1큰술 · 참기름 1/2작은술 ·
식용유 1큰술 · 통깨 약간

1 양파는 채 썰어 준비한다.

2 달군 팬에 식용유를 두르고 **1**의 양파를 넣어 투명해지도록 볶는다.

3 **2**의 팬에 낙지젓을 넣고 양념이 고르게 섞이도록 볶는다.

4 **3**에 밥을 넣고(즉석밥을 사용한다면 데우지 말고 그대로 넣는다) 고슬고슬하게 볶다가 간장
   으로 간을 맞추고 불을 끈 뒤 참기름을 넣어 섞는다. 통깨를 뿌려 낸다.

새우크림소스 오믈렛

답답한 때는 차를 타고 가까운 인천이나 강화도, 대명항 같은 바닷가로 탈출한다.

가서 식재료도 사고, 바다랑 갈매기 구경도 하고, 수산시장에서 해산물도 사 먹는데

특히 빼놓을 수 없는 것은 파삭파삭한 왕새우튀김 먹기!

1시간이나 줄을 서야 하지만 맛은 최고다.

너무 많이 사와서 남길 거 같다고 하다가도 이렇게 먹고 저렇게 먹고 해서 결국엔 다 먹는다.

끊을 수 없는 튀김의 매력. 오늘은 칼칼한 크림소스 오믈렛 위에 살포시 올려본다.

재료 / 1인분

시판 새우튀김 1마리(냉동 제품이나 남은 튀김 종류로 대체 가능) · 파스타용 크림소스 1/3병(150g) ·
밥 2/3공기 · 달걀 2개 · 브로콜리 1/6개 · 빨강 파프리카 1/3개 · 청양고추 1개 · 버섯(표고, 양송이, 새송이 등) 100g ·
마늘 2쪽 · 식용유 적당량 · 소금 약간 · 후춧가루 약간

1 브로콜리, 파프리카, 청양고추는 잘게 다지고, 버섯은 먹기 좋게 자르고, 마늘은 편으로 썬다. 새우는 노릇하게
  튀겨 준비한다.
2 달군 팬에 브로콜리, 파프리카를 넣어 노릇하게 볶다가 밥을 넣고 고슬고슬하게 볶은 뒤 소금과 후춧가루로 간한다.
3 볼에 달걀을 풀고 소금으로 간한 다음 약한 불로 달군 팬에서 휘저으며 동그란 모양으로 부친다.
4 달걀이 익으면 접시에 올리고 2의 밥을 놓고 반으로 접는다.
5 달군 팬에 식용유를 1큰술 두르고 마늘을 넣어 투명해지도록 볶다가 버섯, 청양고추를 넣어 노릇하게 볶은 뒤
  크림소스를 넣어 끓인다.
6 4의 접시에 끓인 소스를 붓고, 1의 새우튀김을 얹어 완성한다.

시금치 볶음밥

내가 제일 싫어하는 것은 밤새워 일하다가 어슴푸레 동트는 하늘을 보는 일이다.
동이 터오는 하늘을 보며 드는 우울한 기분을 바꿔보려고 음악을 찾다가
우연히 「송은이, 김숙의 비밀보장」을 듣게 되었는데
듣다가 혼자 얼마나 큭큭거렸는지. 이 언니들 진짜 재미나다.
매력적인 두 사람처럼 나도 센 언니가 되어볼까 싶어서
아침부터 시금치 팍팍 넣고 달달 볶아 볶음밥을 만들어본다.

재료 / 1인분

시금치 1줌 · 즉석밥 1개 · 달걀 2개 · 대파 5cm 1토막 · 굴소스 1큰술 ·

식용유 1큰술 · 소금 약간 · 후춧가루 약간

1 시금치는 깨끗이 씻어 뿌리를 제거하고, 달걀은 소금을 넣어 풀어둔다.

2 달군 팬에 식용유를 두르고 송송 썬 파를 투명해질 때까지 볶다가 **1**의 달걀을 넣고 휘저어 스크램블을 만든다.

3 시금치를 넣고 살짝 볶다가 숨이 죽으면 밥을 넣고 고슬고슬하게 볶는다.

4 **3**에 굴소스와 후춧가루를 넣고 고루 섞으며 볶아 마무리한다.

굴무밥

일 때문에 급히 작업실에서 미팅이 있었는데 마침 점심시간인 데다
나의 공간에 오는 사람은 배고프면 안 된다는 나만의 원칙이 있는지라 간단히 손님상을 차리기로 했다.
손님에게 물어보니, 굳이 따진다면 양식보단 한식이 좋다길래 오늘은 밥으로 결정.
제철인 굴을 이용해 따뜻한 건강 밥상을 준비해본다.

재료 / 2인분

굴 1/2봉지 · 무(5x5x12cm) 1토막 · 쌀 1컵 · 물 1컵 · 참나물 1줌

양념장 간장 1큰술 · 물 1큰술 · 유자청 1/2큰술 ·

참기름 1/2큰술 · 깨소금 1작은술 · 고춧가루 1작은술

1 무는 0.5cm 두께로 짤막하게 채 썬다.

2 냄비에 씻어 불린 쌀과 무, 씻은 굴을 넣고 밥을 짓
   는다. 중간 불에서 밥물이 잦아들 때까지 끓인 뒤
   골고루 섞고 약한 불에서 5~10분간 뜸을 들인다.

3 참나물을 먹기 좋게 잘라 2의 밥에 넣고 고루 섞는
   다. 양념장을 만들어 곁들인다.

오늘부터 서울 시내를 쉴 새 없이 돌아다녀야 한다. 시간은 왜 이리도 부족한 건지.
같이 다니는 스태프가 있을 때는 그 사람 때문에라도 밥을 꼭 챙겨 먹으려고 하는데,
혼자 있을 때는 시간이 아까워서 점심은 지나친다.
배고프면 화나고 우울해진다. 옆 사람한테 화내기 전에 미리미리 밥 먹고 다니기!
지구는 못 지키겠지만 내 점심만큼은 지켜낼 주먹밥 5형제의 탄생. 든든하다.

간편 주먹밥 만들기 팁
작은 비닐 봉투에 밥을 적당량
넣고 동그랗게 뭉치면 손에 묻히
지 않고 간단히 주먹밥을 만들
수 있다.

약고추장케일주먹밥

재료 / 2개 분량
발아현미밥 1공기 • 케일 2장 •
약고추장 1큰술(만드는 법 234쪽 참조) • 참기름 약간

1 밥에 약고추장, 참기름을 넣어 골고루 섞는다.
2 케일 잎은 굵은 줄기 부분을 잘라낸 다음 끓는 물에
   살짝 데치고 바로 찬물로 식혀 준비한다.
3 1의 밥을 뭉쳐서 형태를 잡고 2의 케일 잎으로 감
   싼다.

카레명이나물주먹밥

밥 1공기 · 다진 돼지고기 2큰술 · 카레 가루 1+1/2큰술 ·
명이나물 2장 · 다진 마늘 1/2작은술 · 식용유 약간 ·
소금 약간 · 후춧가루 약간

1 돼지고기에 카레 가루 1/2큰술, 다진마늘, 소금, 후
   춧가루를 섞어 버무린다.
2 달군 팬에 식용유를 두르고 1을 잘게 부수어주듯
   볶는다.
3 고기가 다 익으면 밥과 카레가루 1큰술을 넣고 버
   무리듯 살짝 볶은 뒤 볼에 담는다.
4 3의 밥을 둥글게 뭉쳐서 줄기를 잘라낸 명이나물로
   감싸서 완성한다.

게살볶음주먹밥

밥 1공기 · 크래미 1개 · 달걀 1개 · 쪽파 1줄기 · 굴소스 1큰술

1 크래미는 사방 1cm로 자르고, 쪽파는 송송 썬다.
2 달군 팬에 식용유를 두르고 달걀을 넣어 스크램블
   로 만든다.
3 2의 스크램블에 1의 크래미도 함께 넣어 볶는다.
4 3에 밥과 굴소스를 넣고 약한 불에서 살짝 볶은 뒤
   불을 끄고 쪽파를 넣고 섞은 다음 둥글게 뭉친다.

두부쌈장현미주먹밥

재료 / 2개 분량

발아현미밥 1공기 •

견과류(아몬드, 캐슈너트, 호두, 피칸 등) 15개 • 참기름 1작은술

쌈장 된장 1큰술 • 고추장 1/2큰술 • 두부(부침용) 1/4모 •

다진 양파 1/2큰술 • 다진 마늘 1/2작은술 • 올리고당 1/2큰술

1 견과류를 굵게 다진 다음 마른 팬에 넣고 노릇해지게 볶는다.

2 볼에 쌈장 재료를 모두 넣어 잘 섞고 **1**의 견과류 2/3를 넣어 섞는다.

3 밥에 남은 견과류와 참기름을 넣고 섞는다.

4 밥을 뭉쳐서 가운데에 **2**의 쌈장을 적당히 넣고 밥으로 덮어 둥글게 모양을 잡는다.

삼겹살창란젓파채주먹밥

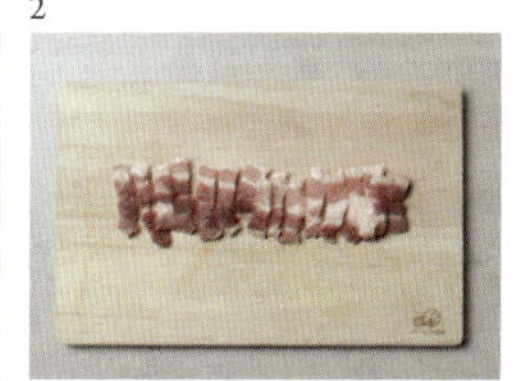

재료 / 2개 분량

밥 1공기 • 삼겹살 1줄 • 대파 10cm 1토막 • 창란젓 2큰술 •

후춧가루 약간

1 대파는 길게 채 썰어 찬물에 담가둔다.

2 삼겹살은 1cm 정도 폭으로 썬다.

3 **2**의 삼겹살을 후춧가루로 간하며 센 불에서 노릇하게 볶다가 창란젓을 넣어 함께 볶는다.

4 따뜻한 밥에 **3**을 넣어 고루 섞고 둥글게 뭉친 뒤 **1**의 파채를 곁들여 낸다.

파채를 밥 안에 넣어 뭉쳐도 된다.

CHAPTER 3

샌드위치/토스트

밥보다 좋은 빵

간단하면서도 든든한 한 끼

치아바타 샌드위치

찍어둔 사진들을 정리하다가 치아바타 샌드위치랑 아이스 라테를 찍은 것을 발견했다.

카메라를 새로 산 지 얼마 안 돼서 한창 갖고 놀 때

합정의 어느 카페에서 찍고 잘 나왔다고 좋아했던 사진이었다.

사진 속 샌드위치가 너무 맛있어 보여 오늘의 점심은 치아바타로 결정.

동네 유명한 빵집을 일부러 찾아가 촉촉하고 예쁜 치아바타를 사고,

마트에서 토마토랑 치즈랑 바질도 구입 완료!

초록색 소스가 기억이 가물가물하긴 하지만 뭐, 만들어보면 되겠지.

재료 / 1인분

치아바타 1개 • 토마토 1/2개 • 생모차렐라 치즈 1/2개 • 적양파 1/4개 •

바질 잎 3~4장 • 바질 오일 1~2큰술

바질 오일 올리브유 1큰술, 다진 바질 5~6장 분량, 다진 마늘 1/2작은술, 소금 약간

1 토마토와 모차렐라 치즈는 도톰하게 슬라이스하고, 양파는 채 썰고, 바질 잎은 깨끗이 씻어
   준비한다.

2 반으로 가른 치아바타의 한쪽 면에 분량의 재료를 섞어 만든 바질 오일을 적당히 펴 바른다.

3 채 썬 양파를 **2**의 빵 위에 골고루 올린다.

4 토마토, 모차렐라 치즈, 바질 잎을 올리고 위에 바질 오일을 조금 뿌린 다음 빵을 덮어 완성한다.

햄 양파 샌드위치

봄바람이 살랑살랑 부는 요즘.

왠지 이번 주를 넘기면 벚꽃이 다 떨어져 없어질 것 같아 불안하다.

해가 떠 있을 때는 거의 항상 촬영을 해야 하는 탓에 호수공원이 근처인데도

올봄 들어 한 번도 가보질 못했다.

일이 잔뜩 밀려 있긴 하지만, 오늘은 만사 제쳐두고 샌드위치 만들어 들고 산책을 가기로 했다.

어제 만들어둔 적양파 피클이 핑크빛으로 예쁘게 물들어 있길래

햄 몇 장 넣어 샌드위치를 만들었더니 마치 핑크색 꽃처럼 예쁘다.

재료 / 1인분

식빵 2장 · 치즈 1장 · 햄 3장 · 아보카도 1/4개 · 할라페뇨 1개

양파 피클 적양파 1/2개 · 식초 1큰술 · 소금 약간

1 아보카도는 얇게 썰고 할라페뇨는 송송 썬다. 양파는 가늘게 채 썬 뒤 식초와 소금을 뿌려 10분 정도 재워 피클을 만든다.

2 식빵에 치즈를 깔고 햄을 1장씩 말아 비스듬하게 올린다.

3 위에 얇게 썬 아보카도를 겹쳐 올린다.

4 할라페뇨와 양파 피클을 올리고 식빵으로 덮으면 완성.

연어오픈샌드위치

"피곤해 보여요!"

내가 느끼기에는 별로 피곤하지 않았는데, 촬영 나온 기자가 대뜸 피곤해 보인단다. 피부 상태가 안 좋았나.

그 말을 들으니 급격히 피곤해진다. 다크서클이 끝도 없이 내려오는 것만 같은 기분.

날짜를 지켜 끝내야 되는 일들이 있다 보니 종종 밤을 새우기도 한다. 피부에 나쁜 건 알지만 어쩔 수 없는 일.

다음 메뉴는 피부에 좋다는 연어로 무조건 결정이다.

재료 / 1인분

호밀 빵 3조각 • 훈제 연어 3조각 •
루콜라 적당량 • 샬롯 1개(양파 1/8개로 대체 가능) •
래디시 1개(생략 가능) • 크림치즈 1큰술
요구르트 소스 플레인 요구르트 2큰술 • 호스래디시 1작은술 •
견과류(아몬드, 캐슈너트 등) 약간 • 소금 약간 • 후춧가루 약간

1 샬롯과 래디시는 얇게 썰고, 루콜라는 깨끗이 씻어
   물기를 제거한다. 소스용 견과류는 굵게 다진다.
2 빵에 크림치즈를 얇게 펴 바른다.
3 **2**의 빵 위에 루콜라, 연어, 샬롯을 올린 다음, 요구
   르트 소스 재료를 잘 섞어 만든 소스를 곁들인다.

프라이드치킨칠리버거

버거 촬영하고 남아 있던 빵이 아까워서 오늘의 혼밥 메뉴는 햄버거로 예약!
남은 건 빵뿐이라 뭐로 속을 채울까 고민하다 냉장고를 탈탈 털어서
냉동실에서 텐더 조각을, 냉장실에서 케일을 찾아냈다.
여기에 냉장고에 만들어두었던 칠리소스 곁들이기.
만약 칠리소스 만들 엄두가 도저히 안 난다면 허니 머스터드나 데리야키 소스,
스위트 칠리소스를 추천. 그래도 칠리소스가 제일 맛있긴 하다.

재료 / 1인분

햄버거 빵 1개(식빵으로 대체 가능) ·
치킨 텐더 2조각(시판 냉동 제품 또는 남은 프라이드치킨으로
대체 가능) · 슬라이스 치즈 1장 ·
할라페뇨 1~2개(기호에 따라 조절) · 케일 2~3장 ·
칠리소스 2~3큰술 · 식용유 2큰술 ·
칠리소스 파스타용 토마토소스 1컵 · 다진 쇠고기 1/2컵 ·
후춧가루 약간 · 카옌페퍼(또는 고운 고춧가루) 1/4작은술 ·
커민 1/4작은술(이국적인 맛을 더하고 고기의 누린내를 없애줌.
생략 가능) · 허브(파슬리, 타임, 월계수 등) 약간(생략 가능)

1 달군 팬에 식용유를 두르고 치킨 텐더를 노릇하게
  굽고, 케일은 흐르는 물에 씻어둔다.
2 햄버거 빵 한쪽에 케일을 올리고 **1**의 치킨 텐더를
  올린다.
3 **2**의 위에 치즈와 할라페뇨를 올린 다음 분량의 재
  료로 만든 칠리소스를 듬뿍 바르고 나머지 빵으로
  위를 덮는다.

칠리소스 만들기

고기를 볶다가 익기 시작하면 토마토소스, 향신료를 모두 넣고 자작
해질 때까지 끓인다.

사과프렌치토스트

빵에 달걀물 적셔서 노릇하게 구워 먹는 토스트.
조금 딱딱해진 식빵으로 엄마가 만들어주곤 하셨는데
엎드려서 책 보다 먹으면 특히 꿀맛이었다.
요즘에도 아침에 눈 떴을 때 앞에 딱 차려져 있었으면 좋겠다 싶은 음식.
김이 모락모락 나는 아메리카노까지 함께라면 완벽할 텐데.

재료 / 1인분

식빵 2장 · 우유 1/2컵 · 달걀 1개 · 소금 약간 · 버터 1큰술 · 포도씨유 적당량 ·
소시지 2개 · 홀그레인 머스터드 약간

사과 조림 사과 1/3개 · 버터 1큰술 · 설탕 1작은술

1 넓은 볼에 달걀을 곱게 풀고 우유와 소금을 넣어 고루 섞은 다음 식빵을
담가 푹 적신다.

2 사과는 깨끗이 씻어 껍질째 얇게 썰고, 소시지는 사선으로 칼집을 내 준
비한다.

3 달군 팬에 버터와 포도씨유를 넣고 1의 식빵 양면을 노릇하게 굽는다.

4 달군 팬에 버터를 두르고 2의 사과를 넣고 굽다 노릇해지면 설탕을 뿌
리고 센 불로 빠르게 볶아낸다.

5 그릇에 3의 구워진 토스트를 담고, 위에 4의 사과를 얹는다. 소시지는
달군 팬에 노릇하게 구워 홀그레인 머스터드를 곁들여 낸다. 슈거 파우
더나 시나몬 파우더를 뿌려 먹어도 좋다.

참치핫도그

요즘 제일 어려운 질문은 바로 '오늘 뭐 먹을까?' 이거다.

출장을 막 다녀온 어느 날, 집에 정말 아무것도 없고 달랑 식빵 한 장 남아 있길래

그냥 치즈 한 장 넣고, 참치 넣고, 케첩 촤악 뿌려서 먹기로 했다.

만들고도 너무 간단해서 이름도 뭐라 할까 망설여진다.

쉬어가는 페이지처럼 가볍게 때우기. 그냥 이런 날도 있어야지.

1

2

3

재료 / 1인분
식빵 1장 · 통조림 참치 2~3큰술 ·
슬라이스 치즈 1장 · 토마토케첩 1큰술 · 마요네즈 1/2큰술 ·
후춧가루 약간

1 달군 팬에 식빵을 앞뒤로 노릇하게 구워(토스터가
있으면 토스터에 굽는다) 식빵이 따뜻할 때 치즈를
얹는다.

2 치즈 위에 기름기를 제거한 참치를 얹는다.

3 케첩과 마요네즈, 후춧가루를 뿌리고 반으로 접는다.

레몬치킨오픈샌드위치

추운 겨울날이 계속 이어지다 봄이 오는 것 같은 어느 날, 햇빛이 따사롭다.

살랑거리는 바람에 노란 레몬 향이 날 것만 같은 상큼한 날.

마음은 산란하고, 창밖을 바라보고만 있어도 들뜨는 기분이다.

이런 날은 일하면 안 된다. 놀자!

재료 / 1인분

바게트 1cm 두께 4장 • 닭 가슴살 1덩어리(150g) • 크림치즈 2큰술 • 아몬드 10개 • 파슬리 약간(생략 가능)

마리네이드 레몬 주스 2큰술(레몬 1/2개 분량) • 다진 마늘 2작은술 • 꿀 1큰술 • 올리브유 2큰술 •

소금 약간 • 후춧가루 약간

1 끓는 물에 닭 가슴살을 삶은 다음 먹기 좋게 결대로 찢는다.

2 아몬드는 굵게 다진 다음 팬에 넣고 노릇하게 굽는다.

3 마리네이드 재료를 볼에 모두 넣고 섞은 후 닭 가슴살, 아몬드를 넣고 버무린다.

생레몬을 사용한다면 즙을 짜기 전 껍질을 필러나 제스터로 벗겨 뒀다가 약간 곁들어주면 좋다.

4 빵에 크림치즈를 펴 바르고 **3**의 닭 가슴살을 올린 뒤 파슬리를 올린다.

닭고기 냄새 없이 삶는 팁

고기 삶는 물에 월계수 잎 1개, 통후추 2개, 마늘 1개, 파슬리 줄기 약간을 넣어준다.

스테이크 오픈 샌드위치

마트에서 소스 구경하는 건 나의 오랜 취미다.

예쁜 패키지 디자인과 새로운 맛을 위주로 둘러보는데 최근에 괜찮은 소스를 하나 발견했다.

머스터드소스이긴 한데 기존 머스터드랑 다른 맛이다. 부드러운 핫소스 맛이라고 해야 하려나?

냉큼 사 와서 오픈 샌드위치를 만들었다.

한우가 올라갔으니 맛없을 수 없는 조합이긴 하지만, 소스도 한몫한 것 같다.

재료 / 1인분

빵(치아바타, 바게트, 호밀 빵 등) 3조각 • 스테이크용 쇠고기 100g • 양파 1개 •
식용유 1큰술 • 올리브유 1큰술 • 소금 약간 • 후춧가루 약간

소스 밀러 머스터드 1큰술 • 마요네즈 1작은술 • 호스래디시 1작은술

1   작은 볼에 소스 재료를 모두 넣고 잘 섞는다.

2   달군 팬에 식용유를 두르고, 채 썬 양파를 갈색이 될 때까지 충분히 볶아 그릇에 덜어둔다.

3   고기에 소금과 후춧가루를 뿌리고 올리브유를 뿌려 밑간을 한 다음, 센 불로 달군 팬에서 노
    릇하게 구워 먹기 좋게 썬다.

4   빵에 **1**의 소스를 바르고 양파와 고기를 올린다. 허브가 있으면 위에 뿌려준다.

나는 빵순이

달걀토스트(에그인홀)

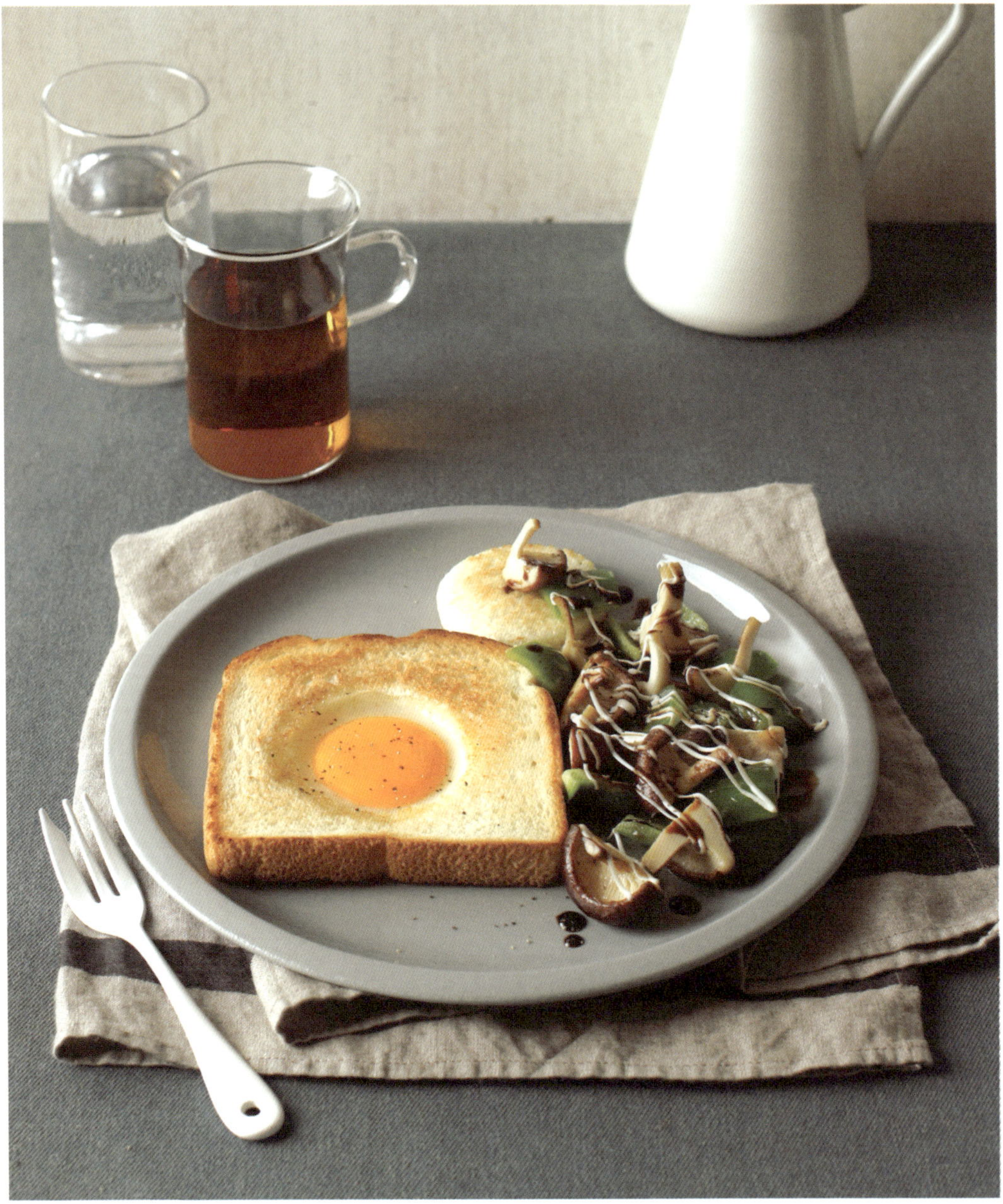

나는 빵순이다. 참새가 방앗간 그냥 못 지나가듯 빵집을 지나치질 못한다.

빵 종류를 가리지 않고 식빵을 그냥 먹는 것도 좋아한다. 마른 빵에서도 나름의 맛을 찾아낸다.

또 한 명의 빵순이 친구와 서로의 빵 먹는 습관 얘길 하다 신나게 한바탕 웃기도 했다.

그렇게 오늘도 난 빵이 고파 빵 메뉴를 골라본다. 식빵 한 장 꺼내서 구멍을 빵 뚫어서 재미있게 요리하기.

이건 애들이 더 좋아할 것 같다. 담에 조카 예한이 오면 해줘야지~

1

2

3

재료 / 1인분
식빵 1장 · 달걀 1개 · 표고버섯 4개 · 피망 1/4개 ·
마요네즈 적당량 · 발사믹 크림 적당량 · 식용유 2큰술 ·
소금 약간 · 후춧가루 약간 ·

1   식빵의 가운데에 구멍을 내고, 버섯과 피망은 먹기
    좋은 크기로 자른다.

2   달군 팬에 식빵을 얹어 한 면을 노릇하게 굽는다.

3   빵을 뒤집은 다음 구멍 안에 식용유를 1작은술 넣
    은 뒤 달걀을 넣고 익혀 그릇에 담는다. 팬에 식용
    유를 두르고 1의 버섯과 피망을 넣고 센 불에서 재
    빨리 볶아 소금, 후춧가루로 간을 맞춘다. 마요네즈
    와 발사믹 크림을 뿌려 낸다.

자투리 마늘빵

샌드위치 만들고 남겨진 쫄깃한 치아바타 자투리.
빵순이들은 빵 자투리도 허투루 버리지 않는다.
오늘은 바게트 대신 이 치아바타 자투리로 마늘빵을 만들어본다.

재료 / 1인분
치아바타 가장자리 부분 5~6개(치아바타 1개를 길게 잘라 써도 무방) · 버터 1큰술 · 마늘 1쪽 · 파슬리 가루 약간

1 달군 팬에 버터를 녹이고 치아바타를 올려 바삭해지도록 노릇하게 굽는다.
2 1의 빵이 따뜻할 때 마늘을 반 잘라 빵의 표면에 대고 문질러 마늘의 향이 고루 배어들도록 한 다음 위에 파슬리 가루를 뿌려 낸다.

달콤짭짤 바게트

밖으로 나가기도 싫고 마냥 뒹굴뒹굴하고 싶은 어느 날.

음악 틀어놓고 이불을 돌돌 말아 누워 꼼지락거리는 여유를 부린다.

요기는 먹다 남은 채 말라가는 바게트로 간단하게. 오늘은 달콤하게 만들어봐야지.

베이컨은 없으니까 햄을 바삭하게 구워 살짝 브런치 느낌을 내봐야겠다.

일단 계획은 그러하다. 조금만 더 뒹굴거린 다음에.

재료 / 1인분

바게트 6조각 · 햄(3x4cm 슬라이스) 3조각 · 달걀 2개 · 우유 3/4컵 · 설탕 1큰술 · 딸기 잼 적당량 ·
리코타 치즈 적당량 · 버터 1큰술 · 식용유 적당량 · 소금 약간

1   볼에 달걀을 풀고 우유, 설탕, 소금을 넣어 고루 섞은 다음 바게트를 5분 이상 담가 속까지 푹
    적신다.
2   달군 팬에 버터와 식용유를 두르고 1의 빵을 올려 양면 다 노릇해지도록 굽는다.
3   햄은 0.5cm 폭으로 채 썰어 달군 팬에 식용유를 두르고 바삭하게 구워둔다.
4   2의 빵에 리코타 치즈와 딸기 잼을 바르고 3의 햄을 올려 낸다.

에그스프레드바게트

달걀을 무척 좋아해서 하루도 빼놓지 않고 꼭 먹는다.
하루에 두 개 이상 먹으면 안 좋다고 해서 어찌나 섭섭하던지….
그래도 아랑곳하지 않고 가끔씩 더 많이 먹는 건 비밀.

재료 / 2인분
바게트 1/2개(슬라이스 7~8조각) · 달걀 4개 · 그릭 요구르트 2큰술 · 마요네즈 1큰술 ·
소금 약간 · 후춧가루 약간

1 냄비에 달걀이 잠길 정도로 넉넉한 물과 소금 1큰술을 넣고 끓인다. 물이 끓으면 달
   걀을 넣고 8~10분간 삶은 다음 바로 건져내어 찬물에 담가 식히고 껍질을 제거한다.
2 볼에 달걀을 담고 거칠게 으깬 뒤 분량의 그릭 요구르트, 마요네즈, 소금, 후춧가
   루를 넣고 고루 섞는다. 바게트를 어슷하게 길게 썰어 함께 낸다.

CHAPTER 4

샐러드

무거운 음식이 싫은 날
채소와 과일로 건강하고 상큼하게

예전부터 꼭 가보고 싶던 프랑스의 도시 니스.

배낭여행 갔을 때 들르지 못한 것이 못내 아쉽다.

동네 사람처럼 살아보는 여행이 좋아서 한 도시에 일주일 정도씩 머무르다 보니

시간 제약 때문에 지중해를 제대로 다 둘러보지 못한 것이 두고두고 안타까웠다.

그 여행의 기억을 떠올리며 만들어본 샐러드.

맛있고 다 좋았는데… 너무 많이 먹은 것 같다.

재료 / 1인분

그린빈 2개 • 푸실리 1/2컵 • 달걀 2개 • 라디치오 또는 로메인 상추 2줌 • 통조림 참치 2큰술 •

그린 올리브 5~7개 • 블랙 올리브 5~7개

드레싱 안초비 1개 • 올리브유 1+1/2큰술 • 홀그래인 머스터드 1작은술 • 화이트 와인 식초 1큰술 •

소금 약간 • 후춧가루 약간

1   안초비는 잘 으깬 다음 나머지 드레싱 재료와 함께 작은 볼에 넣고 잘 섞는다.

2   푸실리는 끓는 물에 소금을 넣고 8분간 삶아 건져두고, 달걀은 끓는 물에 소금을 넣고 8~9분
　　간 삶은 뒤 찬물에 담가 식힌 다음 껍질을 벗긴다.

3   참치는 기름을 제거하고 올리브는 물기를 제거해둔다. 채소는 깨끗이 씻어 먹기 좋은 크기로
　　자르고, 2의 달걀은 얇게 썬다. 그린빈은 소금물에 살짝 데쳐 먹기 좋은 길이로 잘라둔다.

4   볼에 모든 재료를 넣고 1의 드레싱을 넣고 버무려 그릇에 담는다.

브런치 카페에 가면 매번 주문하는 리코타 치즈 샐러드.
섭섭한 치즈 양이 항상 불만이던 차라 집에서 한번 만들어보기로 맘 먹었다.
리코타 치즈 만들기부터 시도해봤는데… 쉬워도 너무 쉽다.
카페랑 똑같이 샐러드 재료를 준비하고 치즈는 원하는 만큼 듬뿍 얹어 먹는다.
고소하고 신선하다.

리코타 치즈 샐러드

1 작은 볼에 드레싱 재료를 모두 넣고 섞는다.

2 채소는 깨끗이 씻어 물기를 제거하고 먹기 좋은 크기로 뜯어 견과류, 크랜베리, 리코타 치즈와 함께 그릇에 담은 다음 **1**의 드레싱을 곁들여 낸다.

리코타 치즈 만들기는 236쪽 참조

루콜라 샐러드

루콜라를 무슨 맛으로 먹는지 모르겠다는 사람들이 많다. 사실 예전엔 나도 그랬다.

그런데 잘 씹어보면 고소한 맛이 느껴진다. 특히 샐러드를 만들어 루콜라만 잔뜩 먹으면 더 맛있다.

그동안 루콜라에는 줄곧 발사믹 드레싱만 써서 이번에는 새로운 드레싱 찾기 미션에 도전!

고민하다 상큼한 레몬의 즙을 바로 짜서 드레싱에 넣어봤다.

파는 레몬즙이랑 생레몬에서 직접 나온 과즙은 맛이 확실히 다르다.

재료 / 1인분
루콜라 1줌(30g) · 토마토 1/2개 · 그라나파다노 치즈 약간
레몬 드레싱 레몬 1/4개(레몬즙 1+1/2큰술) · 올리브유 1/2큰술 · 설탕 1/2큰술

1 그라나파다노 치즈는 필러를 이용해 얇게 잘라둔다.

2 루콜라는 씻어 물기를 제거하고, 토마토는 먹기 좋은 크기로 잘라둔다.

3 분량의 드레싱 재료를 모두 볼에 넣고 잘 섞는다.

4 볼에 루콜라와 토마토를 넣고 3의 드레싱을 넣어 고루 버무린 다음 1의 그라나파다노 치즈
   를 올려 낸다.

오늘따라 조용해 보이는 가로수길 골목.

오랜만에 낮에 놀러 나왔더니 마음이 붕붕 날아가는 것 같다.

일에 파묻혀 사는 사이에 화려한 꽃들이 벌써 새콤달콤하게 피어 있었다. 섭섭하게….

음료 촬영하고 남은 오렌지, 자몽, 민트를 넣고

날씨에 어울릴 만한 향긋한 샐러드를 만들어봤다.

원래 민트는 장식용 같아서 잘 안 먹었는데 이렇게 같이 씹어서 먹으니까 참 향기롭다.

재료 / 1인분

자몽 1개 · 오렌지 1개 · 애플민트 약간 · 유자청 1큰술 ·
올리브유 1큰술 · 소금 약간 · 후춧가루 약간

1   자몽과 오렌지는 속껍질까지 제거해 과육만 발라내
    고 남은 부분은 착즙해서 과즙을 따로 모아둔다.
2   작은 볼에 1의 과즙과 유자청, 올리브유, 소금, 후춧
    가루를 넣고 섞어 드레싱을 만든다. 접시에 자몽, 오
    렌지, 애플민트를 담고 드레싱을 뿌린다.

블루베리바나나샐러드

'버터헤드'라는 이름을 처음 들었을 때 전에 잠깐 키웠던 애완 토끼 종류 이름이었나 했는데
생각해보니 그건 '라이언 헤드'였다. 토끼 얼굴에 사자처럼 털이 복슬복슬해서 붙은 이름.
버터헤드는 아삭하고 식감이 좋은 상추의 한 종류였다.
버터헤드 레터스에 과일을 곁들이면 멋진 샐러드가 된다.
하지만 너무 풀밭이라 토끼가 될지도 모르니 크림치즈를 약간 넣어볼까?

재료 / 1인분

호밀 빵(10X5X5cm) 1조각 • 블루베리 1/4컵 • 바나나 1개 •

수경 채소(버터헤드 레터스, 치커리) 1줌 • 올리브유 1큰술 • 후춧가루 약간

요구르트 크림치즈 드레싱 플레인 요구르트 2큰술 • 크림치즈 1작은술 • 소금 약간 • 후춧가루 약간

1 블루베리는 흐르는 물에 깨끗이 씻고, 수경 채소와 바나나는 먹기 좋은 크기로 자른다.

2 호밀 빵은 큼직하게 주사위 모양으로 잘라 올리브유를 고루 바르고 후춧가루를 뿌린 다음 달군 팬에 노릇하게 굽는다.

3 작은 볼에 드레싱 재료를 모두 넣고 잘 섞는다.

4 접시에 1의 수경 채소, 바나나, 블루베리, 2의 빵을 담고 3의 드레싱을 뿌려 완성한다.

유자소스토마토샐러드

코미디언이 집에서 웃기기 싫어한다는 것처럼 요리하는 사람들도 요리하기 싫은 날이 있다.

특히 광고용으로 하루 종일 같은 요리를 하고 나면 몇 달 동안은 그 음식을 안 먹게 되는 경우도 있다.

마치 반항하듯 불 앞에 서기 싫고 기름진 것도 먹기 싫은 요즘.

이럴 때는 역시 샐러드가 제격. 토마토 숭덩숭덩 잘라 넣고, 양파는 착착 채 썰어 섞는다.

단순한 것은 훌륭한 맛을 낸다.

재료 / 1인분

토마토 1개 • 양파(작은 것) 1/2개 • 베이비채소 약간

유자 소스 유자청 1큰술 • 간장 1작은술 • 식초 2작은술 •
물 1작은술

1 토마토는 꼭지를 떼고 먹기 좋은 크기로 큼직하게
자른다. 양파는 가늘게 채 썰어 찬물에 담가 아린
맛을 없앤 뒤 물기를 제거한다. 베이비채소는 씻어
물기를 뺀다.

2 소스 재료를 볼에 넣고 잘 섞어 유자 소스를 만든다.

3 그릇에 토마토와 양파, 베이비채소를 담고 **2**의 유자
소스를 고루 뿌려 낸다.

참나물연두부샐러드

일하다 보면 끼니를 못 챙기거나 간식거리로 대충 때우는 일이 참 많다.

일할 때는 달콤하고 짭짜름한 자극적인 음식에만 손이 가는데

그런 기간이 길어지니 슬슬 걱정이 되기 시작한다.

내 몸은 내가 챙겨야 하니까 오늘은 맘먹고 건강한 음식을 만들어본다.

재료 / 1인분

연두부 1모 • 참나물 1줌 • 양파 1/4개

간장 드레싱 간장 1큰술 • 식초 1/2큰술 • 생수 1/2큰술 • 올리고당 1작은술 • 참기름 1/2작은술 •

다진 마늘 1/2작은술 • 고춧가루 약간 • 통깨 약간

1 연두부는 포장지를 벗기고 서브할 접시에 올린 다음 먹기 좋게 사방 3cm 정도로 썬다.

2 양파는 얇게 썰어 찬물에 담가 아린 맛을 빼고, 참나물은 깨끗이 씻어 먹기 좋은 크기로 자른다.

3 드레싱 재료를 모두 섞어 드레싱을 만든다.

4 접시에 연두부와 참나물, 양파를 올리고 **3**의 드레싱을 뿌려 낸다.

돌나물샐러드

마트 가던 길에 공원을 지나치는데 화단에 돌나물이 잔뜩이다.

화단 귀퉁이에 잡초처럼 퍼져 있는 돌나물의 주인은 따로 없을 것 같아서 조금 뜯어 왔다.

뿌리째 딸려온 것도 있어서 화분에도 심었다. 혼자 살다 보니 더 심고 키우는 데 취미가 생긴 것 같다.

그럼 자연스럽게 오늘 메뉴는 아삭아삭한 돌나물 샐러드.

뜨끈한 오후 바람 속에서도 입 안은 상큼해진다.

돌나물 2줌 · 견과류(아몬드, 캐슈너트 등) 2큰술 ·

크랜베리 1큰술 · 건포도 1큰술

유자 드레싱 화이트 와인 식초 1큰술 · 유자청 1큰술 ·

올리브유 2큰술 · 소금 약간

1 돌나물은 흐르는 물로 가볍게 씻은 뒤 체에 받쳐 물
  기를 제거한다.

2 작은 볼에 드레싱 재료를 모두 섞어둔다.

3 돌나물, 견과류, 크랜베리, 건포도를 고루 담고 **2**의
  드레싱을 뿌려 낸다.

카프레제

처음엔 일로 만났지만 취향도 비슷하고 대화도 잘 통해

이젠 언니 동생 하며 지내는 요리 선생님 꽁블 님.

얼마 전 수업 때 가서 촬영 스케치를 했는데 재료 남은 건 버리게 되니

맘대로 쓰라는 얘기에 신이 나 내 집처럼 냉장고를 뒤졌다.

드라이드 토마토 만들고 남은 토마토도 한 바구니 있고, 모차렐라 치즈도 있고,

루콜라에 스테이크, 치아바타도 있다. 이걸로 뭘 만들어볼까? 마셰코 블랙박스 미션 하는 듯 두근두근.

1

2

3

재료 / 1인분

토마토 1개 · 생모차렐라 치즈 1/2개 · 바질 잎 4~5장

바질 웜 드레싱 올리브유 2큰술 · 발사믹 식초 1큰술 · 마늘 1쪽 · 바질 잎 4장 · 소금 약간 · 후춧가루 약간

1 토마토는 깨끗이 씻어 먹기 좋게 자르고, 모차렐라 치즈는 먹기 좋은 크기로 손으로 찢는다. 바질 잎은 깨끗이 씻어 준비한다.

2 접시에 토마토, 모차렐라 치즈, 바질 잎을 담는다.

3 냄비에 웜 드레싱 재료(마늘, 바질 잎은 잘게 다져 사용)를 넣고 약한 불에서 살짝 끓여 따뜻하게 데운 다음 **2**에 뿌려 낸다.

모닝빵심플샐러드

푹 자고 일어난 아침. 오랜만에 늦잠 자고 일어났더니 개운하다.

어슬렁거리며 부엌에 들어가니 싸다고 대형 마트에서 데려온 모닝 빵이 뒹굴거리고 있다.

오늘은 이 녀석을 처치하기로 결심.

노릇노릇하게 구워 채소 위에 통통 올린 다음 먹다 남은 두유로 드레싱을 만들어 곁들이면 끝.

모닝 빵 1개 • 오이 7cm 1토막 • 라디치오 2~3장 • 방울토마토 4개

검은깨 두유 드레싱 두유 2큰술 • 검은깨 1큰술 • 간장 1/2큰술 • 올리고당 1/2큰술

1 오이, 토마토, 라디치오는 모두 먹기 좋은 크기로 자른다.

2 먹기 좋은 크기로 자른 모닝 빵은 마른 팬에 넣고 바삭하게 굽는다.

3 검은깨는 잘 빻은 다음 작은 볼에 나머지 드레싱 재료와 함께 넣어 잘 섞는다.

4 볼에 **1**과 **2**의 재료를 담고 **3**의 드레싱을 곁들여 낸다.

강낭콩올리브샐러드

이 나이가 되어서야 편식이 많이 줄어드는 중이다.

음식 관련된 일을 하면서 색다른 식재료를 많이 접하고 맛도 보고 하다 보니

안 먹던 음식들도 하나둘 먹게 된다.

특히 강낭콩은 이번에 먹어보니까 맛도 있고 여러 가지로 활용하기 좋은 재료였다.

이제서야 깨닫다니 억울할 지경.

강낭콩 3큰술 · 블랙 올리브 5개 · 그린 올리브 5개 · 양상추 2~3장 · 참치 통조림(작은 것) 1/2캔
드레싱 올리브유 1큰술 · 꿀 1큰술 · 화이트 와인 식초 1큰술 · 소금 약간 · 후춧가루 약간

1   작은 볼에 드레싱 재료를 모두 넣고 섞어둔다.

2   올리브는 슬라이스하고, 강낭콩은 물기를 제거하고, 참치는 기름기를 제거한다.

3   양상추는 깨끗이 씻어 물기를 제거하고 먹기 좋은 크기로 잘라둔다.

4   접시에 모든 재료를 고루 담은 뒤 **1**의 드레싱을 뿌려 낸다.

양송이콜리플라워샐러드

모처럼 쉬는 아침. 빼꼼 눈을 떴는데 해가 벌써 높이 떠 있다.

올해는 여름이 빨리 오려는지 5월에 벌써 폭염주의보까지 내렸는데… 난 왜 춥지?

아무래도 컨디션이 안 좋은 날인 것 같다.

추스리고 일어나 양송이랑 콜리플라워를 따뜻하게 굽고

고소한 깨 소스를 뿌리니 맛있는 냄새에 이제야 몸이 깨어난다.

편식쟁이도 채소를 먹게 만드는 마법의 깨 소스 샐러드 먹고 얼른 컨디션 회복하기로!

재료 / 1인분

양송이버섯 8개 · 콜리플라워 7~8조각(1/6개 정도) ·
쌈채소(케일, 상추 등) 1줌 · 시판 깨 소스 2큰술 · 식용유 1큰술

1 양송이버섯은 밑동을 자르고 껍질을 살살 벗겨내
  고, 콜리플라워와 쌈채소는 먹기 좋게 자른다.
2 달군 팬에 식용유를 두르고 양송이버섯과 콜리플라
  워를 올려 노릇하게 굽는다.
3 그릇에 구운 양송이버섯과 콜리플라워, 쌈채소를
  담고 깨 소스를 뿌려서 완성한다.

고기 요리

혼자 살수록 영양소 잘 챙기기
든든하게 고기 타임

후다닥 뚝딱 멕시칸 나초

해가 서쪽으로 넘어갈 무렵

친구가 추천해준 영화 「인턴」을 틀고 맥주 한 잔을 준비한다.

요즘 멕시칸 음식에 푹 빠져서 사온 나초 한 봉지에 칠리를 살짝 데워 얹으니 바로 영화관 세팅 완료!

혼자서 잘할 수 있다는 것, 그리고 자신이 옳다고 생각하는 대로 선택하라는 메시지.

끄덕거리게 만드는 내용이다.

재료 / 1접시

나초 1공기 · 강낭콩 통조림 1/4컵 · 칠리 5~6큰술 · 할라페뇨 1~2개

양파 피클 적양파 1/2개 · 식초 1큰술 · 소금 약간

칠리 다진 돼지고기 2/3컵 · 토마토소스 1+1/4컵 · 토마토케첩 2큰술 · 물 2큰술 · 후춧가루 약간 ·

카옌페퍼 1/2작은술(고운 고춧가루로 대체 가능) · 커민 1/2작은술

1 양파는 둥근 모양을 살려 얇게 썰고, 강낭콩은 캔에서 꺼내 물기를 제거하고, 할라페뇨는 먹기 좋게 잘라둔다.

2 볼에 **1**의 양파를 담고 식초와 소금을 뿌려 재워둔다.

3 칠리용으로 준비한 돼지고기에 후춧가루를 뿌리고 고슬고슬하게 볶는다.

4 **3**에 나머지 칠리 재료를 넣고 끓인다. 접시에 나초를 담고 완성한 칠리, 양파 피클, 할라페뇨, 강낭콩을 올려 낸다.

발사믹양파로스트비프

뭔가 샀다가 남으면 따박따박 냉동실에 적립 중. 그래서 냉동실 잔고는 언제나 가득하다.

이렇게 쌓아두기만 했다간 냉동실이 터질 것 같다. 하나씩 비워내야 한다.

약간씩 남아 있는 자투리 쇠고기를 모아 모아 굽고 소스를 뿌려준다.

이름만 거창한 발사믹 양파 로스트 비프.

냉동실 재료 탈탈 털어 또 한 끼 맛있게 먹기.

 / 1인분

쇠고기 1컵(100g) • 양파 1/2개 • 발사믹 식초 2~3큰술 •

허브(파슬리, 바질, 타임 등) 약간(생략 가능) • 올리브유 2큰술 • 소금 약간 • 후춧가루 약간

1 센 불로 달군 팬에 올리브유 1큰술을 두르고 한 입 크기로 썬 쇠고기를 올린 다음 소금과 후
   춧가루를 뿌려 노릇하게 굽는다.

2 달군 팬에 올리브유를 두르고 1cm 두께로 썬 양파를 올리고 소금과 후춧가루로 간하여 노릇
   하게 굽는다.

3 2의 양파에 발사믹 식초를 뿌려 조린다.

4 1의 고기와 3의 양파를 그릇에 담고 허브를 뿌려 낸다.

매콤쇠고기찜

얼마 전 도쿄 여행을 갔을 때 비행기에서 내리자마자 트렁크 든 채로
엄청 유명하다는 규카쓰 맛집으로 향했다.
거의 육회에 가까운 레어 상태의 커틀릿이었는데 안 익어도 너무 안 익었다.
소스라도 뭔가 진한 게 있어야 될 것 같은데 그것도 아니고.
한국에 온 뒤 매콤한 양념장을 곁들인 쇠고기찜을 해 먹고
역시 내 입에는 우리 한우가 최고라는 사실을 확인!

재료 / 1인분

쇠고기 사태(또는 갈비살) 130g・무 3cm 1토막・표고버섯 1개・
새송이버섯(또는 양송이버섯) 1개・당근 6cm 1토막・단호박 1/8개・
대추 3개・마늘 2쪽・물 1컵
양념장 고추장 1큰술・고춧가루 1작은술・간장 1큰술・설탕 1작은술・
올리고당 1큰술・다진 마늘 1작은술・참기름 1작은술・통깨 약간・후춧가루 약간

1

2

3

4

5

1 작은 볼에 양념장 재료를 모두 넣고 잘 섞어 양념장을 만들어둔다.

2 쇠고기는 찬물에 담가 핏기를 제거하고 사방 2.5cm 크기로 깍둑썰기 한
다. 무, 표고버섯, 새송이버섯, 당근, 단호박은 사방 2cm 정도로 먹기 좋
게 자른다.

3 팬에 찬물 1컵을 부은 다음 **2**의 쇠고기를 넣고 삶는다. 거품이 올라오면
걷어낸다.

4 **3**의 고기가 어느 정도 익으면 **2**의 채소와 **1**의 양념장을 넣고 잘 섞은 후
뚜껑을 덮어 한소끔 끓인다.

5 한 번 끓으면 불을 약한 불로 줄이고 뚜껑을 연 상태에서 국물을 끼얹어
주며 20분 정도 더 익힌다. 국물이 자작하게 줄어들고 윤기가 돌면 완성.

두부불고기

밥이 없다. 그런 날도 있는 거다.

배고프다며 신나게 고기 준비하고 밥통을 열었는데 밥이 없는 이런 상황.

먹는 건 타이밍이 중요한데…. 눈물이 핑 돌 지경이다.

덕분에 비자발적인 탄수화물 제한 식단. 오늘은 밥 대신 두부를 곁들여볼까?

재료 / 1인분

쇠고기 1컵(100g) · 두부 1/2모 · 양파 1/4개 · 파 4cm 1토막

고기 양념 다진 마늘 1/2작은술 · 간장 1+1/2큰술 · 설탕 2작은술 · 참기름 1/2작은술 · 물 1큰술

1 고기는 양념 재료를 넣어 재워두고, 양파는 채 썰고, 파는 어슷하게 썰어 준비한다.

2 두부는 끓는 물에 살짝 데친다

3 달군 팬에 1의 고기, 양파, 파를 함께 넣고 볶는다.

4 2의 데친 두부를 먹기 좋은 크기로 썰어 그릇에 담고, 3의 불고기를 올려 완성한다.

쇠고기 꼬치

유유상종이라더니 나와 주변 사람들의 취향이 비슷한 경우가 많다.

좋아하는 컬러나 옷 스타일도 비슷해 어느 날은 약속이라도 한 듯

비슷한 옷을 입고 나타나 강제 커플 룩, 팀복이 되어버리는 경우도 생긴다.

오늘은 마침 파랑을 사랑하는 사람들이 온다고 해서 파랑 그릇을 한번 원 없이 써보기로 했다.

캠핑 온 것처럼 꼬치를 준비하고 여러 가지 채소까지 곁들여 소스에 콕콕 찍어 먹는다.

모닥불은 없지만 밤새도록 즐거운 날.

재료 / 1개 분량

구이용 쇠고기 130g(사방 2.5cm 7조각 정도) • 미니 파프리카 3개 • 방울토마토 2개 • 콜리플라워 1/4개 •

식용유 2큰술 • 소금 약간 • 후춧가루 약간

꼬치 양념 고춧가루 1큰술 • 다진 마늘 1/2작은술 • 참기름 1작은술 • 설탕 1큰술 •

통깨 1/2작은술 • 간장 1큰술 • 후춧가루 약간

1 작은 볼에 고기 꼬치 재료를 모두 넣고 잘 섞는다.

2 파프리카, 토마토, 콜리플라워는 먹기 좋은 크기로 자르고, 고기는 사방 2.5cm 정도로 잘라 소금과 후춧가루로 밑간을 해둔다.

3 2의 밑간한 고기를 꼬치에 꽂아 1의 양념을 발라둔다.

4 달군 팬에 식용유를 살짝 둘러 3의 꼬치를 굽고 팬의 다른 쪽에서 2의 채소를 빠르게 볶아 소금, 후춧가루로 간한다.

갑자기 놀러 온다는 대학 친구 덕분에 냉장고를 또 한 번 비우게 생겼다.

무슨 일이 있는지 모르겠지만, 뭐라도 먹이면 이야기를 털어놓겠지?

냉장고가 비워지면 괜스레 기분이 좋아진다.

가끔 누가 와서 맛있게 먹고 냉장고 좀 싹 비워주면 소원이 없을 듯.

만드는 건 참 좋은데 다 먹어낼 수가 없다.

냉동실에 손바닥보다 작게 남아 있는 다진 고기를 꺼내 조물거려 완자를 만들고

꼬치에 끼워서 노릇노릇하게 굽는다.

재료 / 2개 분량

다진 돼지고기 1/2컵 • 다진 새우 살 1/2컵 • 다진 마늘 1/2큰술 • 달걀흰자 1큰술 • 전분 1/2작은술 •

식용유 1큰술 • 소금 약간 • 후춧가루 약간

간장 소스 간장 1/2큰술 • 마요네즈 1/2큰술 • 올리고당 1작은술 • 후춧가루 약간 • 고춧가루 약간

1 볼에 다진 돼지고기와 새우 살, 마늘, 소금, 후춧가루를 넣고 잘 섞어둔다.

2 **1**에 달걀흰자와 전분을 넣고 한 번 더 골고루 섞는다.

3 **2**의 고기 반죽을 동그랗게 빚어 꼬치에 끼운다.

4 달군 팬에 식용유를 두르고 **3**의 꼬치를 앞뒤로 노릇하게 굽는다. 분량의 재료를 모두 넣고
   섞어 간장 소스를 만들어서 곁들인다.

캐비지롤

일본 여행에서 돌아왔다. 일상으로 부터의 짧은 탈출은 행복했다. 후유증도 크지만 말이다.

여행 중 몇 번이나 시간을 놓쳐 못 가다가 돌아오는 날 점심때 겨우 들른 맛집에서 맛보았던 캐비지 롤.

고기를 얇은 양배추로 겹겹이 말아 만든 캐비지 롤은

평소에 먹던 것과는 완전히 다른, 두고두고 기억에 남을 만한 맛을 선사해주었다.

여행의 추억을 떠올리며 토마토 캐비지 롤을 만들어보기로 한다.

나의 힐링 푸드 중 하나로 자리 잡을 것 같은 느낌. 그 맛에 반해버렸다.

재료 / 1인분

양배추 3장 • 다진 돼지고기 2/3컵(60g) • 양파 1/2개 • 셀러리 15cm 1토막 • 다진 마늘 1/2큰술 •

소금 약간 • 후춧가루 약간

소스 양파 1/2개 • 다진 마늘 1작은술 • 버터 1작은술 • 토마토케첩 1/2컵 • 토마토 1개 • 소금 약간 • 후춧가루 약간

1 양배추는 끓는 물에 데친 다음 찬물에 담가 식힌다.

2 양파와 셀러리는 곱게 다져 준비한다.

3 달군 팬에 다진 고기와 다진 마늘을 함께 볶으면서 소금, 후춧가루로 간한다.

4 **1**의 양배추에 **3**의 볶은 고기를 올리고 돌돌 말아 롤 모양을 만든다.

5 달군 팬에 버터를 녹이고 소스 재료 중 양파와 마늘을 다져서 먼저 넣고 슬쩍 볶아 향을 낸 다음 나머지 소스 재료를 넣고 끓인다.

6 **5**의 소스에 **4**의 양배추 롤을 넣고 한 번 끓인 다음 접시에 담는다.

닭가슴살고구마볶음

매일 다이어트를 계획하지만 제대로 실천하지를 못한다.

일하면서 이런저런 음식을 맛보다 보면 한순간에 체중이 훌쩍 늘어버리기 일쑤다.

다이어트한다고 닭 가슴살, 고구마만 잔뜩 사다 놓고 고대로 방치 중.

맛있게 먹으면 살 안 찐다는 말, 진짜겠지?

닭 가슴살과 고구마로 만들면 더더욱 그럴 거라고 믿으며, 맛있게 먹어보자!

재료 / 1인분

닭 가슴살 1덩어리 • 고구마(작은 것) 3개 • 피망 1/2개 • 검은깨 약간 • 식용유 1큰술

양념장 올리고당 2작은술 • 간장 1큰술 • 청주(맛술) 1/2큰술 • 다진 마늘 1작은술 • 후춧가루 약간

1 고구마는 깨끗이 씻어 껍질째 먹기 좋은 크기로 썰고, 피망도 먹기 좋은 크기로 썬다.

2 먹기 좋은 크기로 썬 닭 가슴살은 양념장에 재워둔다.

3 달군 팬에 식용유를 두르고 먼저 고구마를 볶다가, 피망과 2의 닭 가슴살을 넣어 국물이 졸
　아들도록 볶는다.(재료들을 젓가락으로 찔러보아 푹 들어가면 익은 것)

4 닭 가슴살이 다 익으면 검은 깨를 뿌려서 완성한다.

매콤닭안심볶음

일주일 동안 해야 할 모든 일들을 하나하나 문제없이 끝마쳤다.

이렇게 할 일이 줄을 서 있을 때는 참 많이 긴장된다.

무술 영화를 보다가 알게 된 단어 중 '도장 깨기'라는 것이 있는데,

계획된 일들을 하나하나 해내다 보면 그 도장 깨기라는 것을 하며 싸워 이기는 것 같은 기분이다.

복잡했던 일들이 다 끝나고 모처럼 혼자 편하게 식사를 한다.

부드럽고 맛있는 닭 안심을 매콤하게 볶은 다음 깻잎에 둘둘 싸서 한 입. 평화로운 저녁이다.

 재료 / 1인분

닭 안심 5덩어리(135g) · 대파 2cm 1토막 · 양파 1/4개 · 당근 3cm 1토막 · 식용유 1큰술 · 통깨 약간
양념장 고춧가루 1큰술 · 올리고당(또는 물엿) 2작은술 · 설탕 1작은술 · 간장 2작은술 · 다진 마늘 1작은술 ·
참기름 1/2작은술 · 물 1큰술 · 통깨 약간 · 후춧가루 약간

1 작은 볼에 양념장 재료를 모두 섞어둔다.(미리 만들어 숙성시켜 사용하면 더 좋다)

2 닭 안심과 양파, 당근은 먹기 좋은 크기로 썰고 대파는 어슷하게 썰어둔다.

3 달군 팬에 식용유를 두르고 **2**의 닭 안심, 양파, 당근을 넣고 **1**의 양념장을 넣어 볶는다.

4 닭고기와 당근이 익으면 대파와 통깨를 넣고 한 번 더 볶아 완성한다.

연어스테이크

고민 많던 시절, 엄마가 아무 말 없이 그저 옆에 있어주는 것만으로 힘이 되곤 했다.

진로 문제로 남들보다 늦게 찾아온 질풍노도의 시기도 엄마 덕분에 잘 헤쳐온 것 같다.

공부나 취업 등에 대해서 단 한 번도 나를 다그친 적이 없는 우리 엄마.

덕분에 하고 싶은 일을 마음 편히 하고 있는 거겠지?

엄마가 오신다는 말에 엄마가 좋아하는 연어를 냉장고에서 한 조각 꺼내어 노릇하게 구워본다.

재료 / 1인분

스테이크용 연어 1토막 • 양송이버섯 5개 • 레몬 1/4개 •
버터 1큰술 • 올리브유 1큰술 • 소금 약간 • 후춧가루 약간
크림소스 우유 1/2컵 • 밀가루 1큰술 • 버터 1큰술 • 소금 약간 •
후춧가루 약간

1 연어는 흐르는 물에 씻은 뒤 소금과 후춧가루를 뿌려 30분간 재우고, 양송이버섯은 2등분한다.

2 소스 팬에 버터를 넣고 낮은 온도에서 녹인 뒤 밀가루를 넣어 눌어붙지 않도록 재빨리 젓다가 거품이 생기기 시작하면 빠르게 저어주며 살짝 익힌다. 불을 끄고 우유를 넣고 멍울이 없도록 주걱으로 잘 풀어주고 소금, 후춧가루로 간해 소스를 완성한다.

3 달군 팬에 버터를 녹인 다음 레몬즙을 짜서 뿌린 뒤 **1**의 연어를 올려 껍질 쪽부터 노릇하게 양면을 익힌다. 연어가 익는 동안 팬의 한쪽에 올리브유를 둘러 **1**의 양송이버섯을 볶고 소금, 후춧가루로 간한다. 연어와 버섯을 접시에 담고 **2**의 크림소스를 뿌려 낸다.

CHAPTER 6

국물 요리

컨디션 안 좋을 때
따뜻한 국물이 생각날 때

콩나물국

티비에서 「나 혼자 산다」를 볼 때면 혼자서도 밥을 잘 차려 먹는 모습에 감탄하곤 한다.

주변을 봐도 요즘은 혼자 사는 사람들이 더 잘 만들어 먹는 것 같다.

출연자 하나가 콩나물국을 뚝딱 끓여내는 걸 보니까 나도 한 그릇 먹고 싶어졌다.

콩나물만 얼른 사 오면 되니까…. 그럼 한번 해볼까?

전에 더 맛있게 해본다며 요즘 유행하는 액상 조미료를 넣었다가

콩나물국에는 절대 쓰지 말아야겠다는 다짐을 하게 됐다.

콩나물국은 콩나물의 시원한 맛으로 먹는 건데 조미료 한 방울 넣는 순간 그 향이 사라져버렸기 때문이다.

오늘은 딱 기본에 충실한 콩나물국 끓이기!

재료 / 1인분

콩나물 1줌(40g) · 대파 4cm 1토막 · 다시마(5x5cm) 1장 · 국물용 멸치 3마리 ·
물 2컵 · 소금 1/2작은술 · 후춧가루 약간

1   콩나물은 뿌리를 제거한 뒤 깨끗이 씻고 대파는 어슷하게 썬다.

2   냄비에 물, 다시마, 내장을 제거한 멸치를 넣고 10분 정도 끓인 뒤 멸치와 다시마를 건져낸다.

3   **2**의 국물에 **1**의 콩나물을 넣고 뚜껑을 연 채로 7분 정도 끓인다.

4   **3**에 대파를 넣고 소금, 후춧가루로 간을 맞춰 완성한다.

콩나물 비린내 잡기

콩나물국은 처음부터 쭉 뚜껑을 열고 끓이거나 처음부터 쭉 닫고 끓이거나, 둘 중 한쪽을 택해야 콩나물 비린내가 나는
것을 막을 수 있다. 개인적으로는 그냥 열어두고 끓이는 것이 편해서 여는 쪽을 택했다.

달걀탕

가끔 저녁에 간단하게 국물이 필요한데 재료는 없을 때 이것만 한 게 없다.

새우젓, 달걀만 있으면 몇 분 안에 휘리릭.

이때 달걀이 부드럽고 실처럼 풀어져야 식감도 좋고 보기도 좋은데

자칫 잘못하면 한 덩어리로 뭉쳐버린다.

엄마의 떡국이나 달걀국을 보면 항상 달걀이 뽀얗고 실처럼 부드럽기에 여쭤봤더니,

달걀을 맨 마지막에 가늘게 조금씩 흘려 넣고 바로 불을 끄는 것이 비법이었다.

엄마 말대로 했더니 진짜 뽀얗고 예쁜 달걀탕이 완성됐다.

재료 / 2인분

달걀 2개 • 대파 5cm 1토막 • 새우젓 2작은술 • 물 3컵 •
후춧가루 약간

1 달걀은 풀어놓고 파는 어슷하게 썬다.

2 냄비에 물과 새우젓을 넣고 끓인다.

3 물이 끓으면 약한 불로 줄인 뒤 **1**의 파를 넣고 달걀
을 숟가락으로 떠서 조금씩 흘려 넣고 후춧가루를
뿌려 바로 불을 끈다.

굴무국

마음속에 말 못 할 고민 하나쯤은 누구나 있겠지? 인생은 맘대로 되는 게 아니니까.

고민이 생기면 잠도 잘 안 오고 밥도 잘 안 먹히고 일도 손에 안 잡히곤 한다.

머릿속이 온통 생각으로 가득 차올라 내 마음이 무엇인지조차도 알 수 없는 그런 날이 있다.

미련 없이 딱 떨어지는 후련하고 시원한… 그런 맛이 필요한 날.

시원하게 무 통통 썰어 넣고 바다 향기 폴폴 나는 굴을 넣어 뽀얗게 끓여본다.

재료 / 2인분
굴 1/2봉지(12~13개) · 무(4×4×8cm) 1토막 · 두부 1/4모 · 대파 4cm 1토막 · 물 4컵 ·
다진 마늘 1/2작은술 · 소금 약간 · 후춧가루 약간

1   무는 5mm 정도 두께로 얇게 썰고, 대파는 어슷하게 썰고, 두부는 주사위 모양으로 먹기 좋
    게 썬다. 굴은 물에 살살 씻어 체에 밭쳐둔다.

2   냄비에 물과 무를 넣어 투명해지도록 끓인다.(젓가락으로 찔러 푹 들어가면 익은 것)

3   다진 마늘, 굴, 두부를 넣어 굴이 익을 때까지 끓인다.(청양고추를 넣어 칼칼하게 먹어도 좋다)

4   파를 넣고 소금과 후춧가루로 간한다.

라타투이

예전에 꼬마 생쥐가 천재 요리사로 나오는 「라따뚜이」라는 애니메이션이 있었다.
이 귀여운 이름의 요리를 담에 꼭 만들어봐야지 생각하고 있다가 이 참에 만들어보기로 했다.
재료를 사러 마트에 갔는데 빨간 토마토 스튜에 반드시 들어가야 할 초록색 주키니호박을
도무지 찾을 수가 없었다. 마트를 세 군데나 돌고, 결국 다음 날까지 기다린 후에야
손에 넣은 소중한 재료. 언니가 너 구하느라 얼마나 고생했는지 모른다고!

재료 / 2인분

홀 토마토 통조림 1/2캔(200g) · 양파 1/4개 · 주키니호박 1/3개 · 가지 1/2개 · 양송이버섯 3개 · 다진 마늘 1큰술 · 바질 약간 · 올리브유 2큰술 · 소금 약간 · 후춧가루 약간

1 양파는 작게 다지고, 주키니호박, 가지, 양송이버섯은 한 입 크기로 썬다.

2 달군 팬에 올리브유를 두르고 다진 양파와 다진 마늘을 넣어 중간 불에서 3분 정도 볶는다.

3 **2**에 **1**의 주키니호박, 가지, 양송이버섯을 넣고 2분 정도 더 볶는다.

4 홀 토마토, 후춧가루, 소금을 넣어 1분 정도 다시 볶은 후 중간 불에서 15~20분 푹 익힌 다음 바질을 뿌려 완성한다.

토마토 홍합찜

5~6년 전에 한동안 토마토가 유행이었다.

토마토 관련 칼럼 요청도 많았고, 방송에서도 토마토로 음식을 만들어줬으면 하는 등

이래저래 거의 한 달 이상 토마토 요리만 했었다.

그 이후로 대저토마토, 짭짤이토마토가 유행할 때면 예쁜 것 있나 뒤적거리는 습관이 생겼다.

얼마 전 마트에 갔더니 각종 토마토들이 잔뜩 나와 있길래 지나치질 못하고 또 사 왔다.

이번엔 이걸로 뭘 만들어볼까?

 재료 / 2인분

홍합 1/2팩(40개 정도) · 양파 1/4개 · 토마토(작은 것) 3~4개 · 대파 20cm 1토막 · 페페론치노 3개 ·
다진 마늘 1작은술 · 화이트 와인 1/2컵(청주로 대체 가능) · 토마토소스 1/2컵 · 월계수 잎 1장 ·
올리브유 2작은술 · 소금 약간

1 양파와 토마토는 굵게 다지고, 대파는 송송 썰고, 페페론치노는 잘게 부순다.

2 냄비에 올리브유를 넣고 다진 마늘을 넣어 볶다가 향이 배어 나오면 **1**의 재료를 넣어 볶는다.

3 **2**에 손질한 홍합을 넣고 입이 벌어질 때까지 5분 정도 볶는다.

4 **3**에 화이트 와인을 넣고 알코올이 날아가도록 한 번 끓인 후 토마토소스와 월계수 잎을 넣고
   약한 불에서 15분 정도 뭉근히 끓인 다음 소금으로 간한다. 기호에 따라 타바스코 소스를 넣어
   도 좋다.

게살수프

"니들이 게 맛을 알아?"라는 예전 광고 카피가 갑자기 생각이 났다.

그러게요! 게 맛이 알고 싶어요!

물론 진짜 게살이 있으면 좋겠지만 집에 갑자기 게살이 있을 턱이 없다.

하지만 나의 냉장고에는 잠자고 있는 크래미가 있다.

처음엔 볶음밥을 해볼까 하면서 팬에다 넣고 마구 볶다가 급 수프로 작전 변경!

재료 / 1인분

크래미(또는 게살) 3개 • 청경채 1개 •
당근 2cm 1토막 • 다진 마늘 1/2작은술 • 밥 1공기 •
굴소스 1/2큰술 • 간장 1/2큰술 • 물 1+1/2컵 •
녹말물(녹말 1큰술 + 물 1큰술) 1큰술 • 식용유 1큰술 •
후춧가루 약간

1 크래미는 잘게 찢어 먹기 좋은 크기로 자른다. 청경
채는 밑동을 제거하고 먹기 좋은 크기로 길쭉하게
썰고, 당근은 반달 모양으로 얇게 썬다.

2 달군 팬에 식용유를 두르고 마늘, 당근을 넣어 볶다
가 청경채, 크래미를 함께 넣어 볶는다.

3 2에 굴소스, 간장, 물을 넣어 한소끔 끓이다가 녹말
물을 넣어 점도를 맞춘 다음 후춧가루를 넣어 완성
한다.

다 늦은 시간, 따끈따끈한 어묵탕 한 그릇 생각나는 밤.
혼자 밖으로 나가기엔 좀 춥고 약간은 무섭기도 하니 그냥 집에서 끓여 먹기로 했다.
말캉한 어묵과 국물을 가득 머금은 달큼한 무, 짭조름하고 시원한 국물. 캬, 맛있겠다.
음식 사진을 포스팅했더니 친구들이 사케 한잔 생각난다며 놀자 아우성이다.
하지만 오늘은 혼자만의 시간을 즐기기로.

재료 / 넉넉한 1인분, 야식용이라면 절반만

어묵(6×20cm) 4개 · 무 3cm 1토막 · 양파 1/2개 ·
청양고추 1개 · 대파 10cm 1토막 · 마늘 2쪽 ·
다시마(4×5cm) 2장 · 국물용 멸치 4~5마리 · 물 1L ·
간장 2큰술 · 소금 약간

1 어묵은 꼬치에 끼워 준비한다. 무와 양파는 큼직하
게 썰고, 마늘은 편으로 썬다. 청양고추는 어슷하게
썰고, 멸치는 내장을 제거한다.

2 냄비에 물, 멸치, 다시마를 함께 넣고 팔팔 끓인 다
음 무, 양파, 대파, 마늘을 넣고 무가 익을 때까지 더
끓인다. 육수가 진하게 우러나면 멸치, 다시마는 건
져낸다.

3 2의 국물을 간장으로 양념하고 부족한 간은 소금으
로 맞춘다. 어묵과 청양고추를 넣고 보글보글 한 번
더 끓인다.

치킨수프

으슬으슬 춥던 날

봄이 오려는지 추위가 살짝 누그러졌는데 이상하게 목이 아프다.

최근 이런저런 일로 피곤했기 때문일까.

이런 저녁에는 내 스스로에게 따뜻한 뭔가를 만들어주고 싶다.

그러다 문득 떠오르는 책 제목 「내 영혼의 닭고기 수프」.

닭고기 수프가 나에게도 소울 푸드가 될 수 있을지는 모르겠지만

일단 채소의 달콤함, 담백한 국물을 떠올리니 심장이 따뜻해지는 기분이다.

재료 / 2인분

닭 가슴살 1덩어리 • 통후추 3개 • 당근 4cm 1토막 • 감자 1/2개 • 양파 1/4개 •

셀러리 줄기 10cm 1토막 • 마늘 5쪽 • 월계수 잎 1장(생략 가능) • 물 4컵 • 소금 약간 • 후춧가루 약간

1 당근, 감자, 양파는 껍질을 벗기고 셀러리와 함께 먹기 좋은 크기로 썬다. 마늘은 꼭지를 제
  거한다.

2 냄비에 **1**의 재료와 닭 가슴살, 통후추, 월계수 잎을 넣고 물을 넣어 끓인다. 끓기 시작하면 중
  간 불로 줄이고 위에 불순물 거품이 올라오면 걷어낸다.

3 야채가 충분히 익을 정도로 30~40분간 끓이다가 닭 가슴살이 익으면 꺼내 질게 찢는나.

4 찢은 닭 가슴살을 냄비에 다시 넣고 한소끔 더 끓인 뒤 소금, 후춧가루로 간한다.

바지락맥주찜

골치 아프게 하는 문제가 있었는데 계속 해결을 못 하고

어떻게 할까 고민만 하다가 참다못해 오늘 드디어 전화를 걸었다.

나를 '을'로 생각하고 맘대로 말을 바꾸는 사람들을 참는 것은 여전히 참 쉽지 않다.

솔직히 내 입장을 설명하고, 정중하게 할 말 다하고 나니 십 년 묵은 체증이 풀리는 것 같다.

속 타서 마시려던 맥주를 냄비에 콸콸 넣고 바지락 맥주찜을 만들어본다.

캬~ 시원하다!

재료 / 2인분

바지락 400g · 맥주 1/2캔 · 레몬 1/2개 · 청양고추 1개 · 페페론치노 2개(기호에 따라 가감) ·
마늘 3쪽 · 다진 마늘 1/2큰술 · 올리브유 2큰술 · 후춧가루 약간

1   마늘은 편으로 썰고, 청양고추는 송송 썰고, 레몬은 큼직하게 4등분한다.

2   달군 냄비에 올리브유를 두르고, 1의 마늘과 페페론치노를 넣고 노릇해지도록 볶는다.

3   냄비에 바지락을 넣고 바지락이 충분히 잠기도록 맥주를 붓는다.

4   레몬즙을 짜 넣고, 청양고추, 다진 마늘, 후춧가루를 넣고 국물이 자작해질 때까지 충분히 끓
    인다.

냉장고 속 재료 대방출

클램차우더 수프

지난번에 사둔 바지락도 여전히 냉장고에 있고, 감자도 싹이 나려고 하고,

생크림도 우유도 유통기한이 얼마 남지 않은 총체적인 난국이다.

오늘 미션은 냉장고 속 묵은 재료 싹 써버리기.

이것저것 조금씩 남았을 때 수프는 만들기 좋은 메뉴다.

여기서 바지락이 빠지면 그냥 감자 수프, 브로콜리를 넣으면 브로콜리 수프가 된다.

재료 / 1인분

바지락 200g · 물 1컵 · 감자 1/2개 · 대파 흰 부분 20cm 1토막 · 양파 1/2개 · 셀러리 10cm 1토막(생략 가능) · 베이컨 1줄 ·

버터 1/2큰술 · 밀가루 1/2큰술 · 우유 1/4컵 · 생크림 1/2컵(우유로 대체 가능) · 허브 약간 · 소금 약간 · 후춧가루 약간

1 해감한 바지락은 흐르는 물에 한 번 헹군 다음 냄비에 분량의 물과 함께 넣고 입을 벌릴 때까지 끓인다.

2 1의 바지락 육수는 따로 보관하고 조갯살은 발라내어 준비한다.

3 감자, 대파, 양파, 셀러리는 0.5~1cm 정도로 잘게 자르고, 베이컨은 1cm 폭으로 자른다.

4 냄비에 버터를 두르고 3의 베이컨을 노릇하게 볶다가 대파와 양파를 넣어 투명해지도록 볶는다.

5 4에 감자와 셀러리를 넣고 볶다가 감자가 익으면 밀가루를 넣고 볶는다.

6 5에 2의 바지락 육수와 우유를 넣고 10분 정도 끓이다가 마지막에 2의 조갯살, 생크림을 넣어 한소끔 끓이고 소
　금과 후춧가루로 간한다. 위에 허브를 뿌려 낸다.

한 달에 한 번쯤 만나 하루 종일 '테이스티 로드'를 함께하는 친구가 있는데
만나기로 한 날 1시간 전쯤 엄청 아프다고 연락이 왔다.
뭘 먹고 체한 건지 밤새도록 앓아누웠단다.
혼자 사는 처지에 쫄쫄 굶었을 것 같아 후다닥 죽 만들기 돌입.
즉석밥을 이용해 빠르고 간단하게 그러나 정성은 가득 들어간 죽을 만들어본다.
빨리 나아야 맛있는 것 또 먹으러 갈 수가 있다, 친구야!

재료 / 1인분
밥 1/2공기 · 물 3컵 · 전복 1개 · 참기름 1큰술 · 소금 약간

1 전복은 깨끗이 씻어 껍질을 제거한 뒤 내장을 분리해 따로 두고, 살의 1/3은 얇게 썰고 나머
  지는 곱게 다진다.
2 냄비에 참기름을 두르고 **1**의 전복 내장 잘게 으깬 것과 다진 전복 살을 넣고 볶는다.
3 **2**의 냄비에 밥을 함께 넣어 볶는다.
4 **3**에 분량의 물과 **1**의 얇게 썬 전복 살을 넣고 밥알이 물러질 때까지 푹 끓인다. 눌어붙지 않
  도록 중간중간 저어준다.

안주 / 간식

시원한 맥주 한 캔에
딱 좋은 음식

떡볶이

떡볶이 하면 제일 먼저 생각나는 사람. 우리 언니.

어렸을 때부터 우리 자매는 다른 집에 비해 유난스럽게 서로 친했다.

고민 있을 때 가장 먼저 생각나는 사람도 바로 언니다.

그런 언니가 몹시 좋아하는 음식이 떡볶이라 먹을 일이 있으면 꼭 언니 생각이 난다.

언니랑 하굣길에 학교 앞에서 먹던, 재료도 조촐하던 단순한 떡볶이가 그리운 날이다.

재료 / 2인분

떡 2컵(200g 정도) · 어묵 1컵

양념 물 2컵 · 설탕 2큰술 · 고춧가루 1/2큰술 · 간장 2큰술 · 고추장 1/2큰술

1 떡과 어묵은 물로 한 번 씻어둔다.

2 팬에 양념 재료를 모두 넣고 잘 풀어준 다음 1의 떡과 어묵을 넣고 끓인다.

3 떡이 말랑말랑해질 때까지 끓여서 완성한다.

감바스알아히요

약속이란 건 지키라고 있는 건데 쉽게 어기는 사람들이 많다.

특히 일에 관해선 약속을 안 지키는 걸 많이 싫어하는 편이라, 그런 일을 당하면 부글부글 화가 난다.

세상일이 마음대로 되지는 않는 이런 날은 더더욱 맛있는 걸 먹어줘야 한다.

오늘은 뽀글거리는 올리브유에 새우 퐁당 빠뜨려 매콤하게 먹어보기로. 얼얼하게 맵도록 페페론치노도 팍팍 넣고!

매콤한 올리브유에 바게트 콕 찍어 먹으며 시원한 맥주까지 곁들이니 부글거리는 마음이 조금 풀리는 기분이다. 후~

고구마(작은 것) 2개 • 마늘 3쪽 • 페페론치노 3개 • 허브(타임, 로즈메리, 바질 등) 약간 •
올리브유 1/2컵 • 새우 5~7마리 • 소금 약간 • 후춧가루 약간 • 바게트 적당량

1 새우는 깨끗하게 손질하여(기호에 따라 새우를 껍질째 사용해도 된다) 물기를 제거한 후 소금
　 과 후춧가루로 간해두고, 고구마는 껍질째 씻어 먹기 좋은 크기로 자르고, 마늘은 얇게 썬다.
2 냄비에 올리브유를 넉넉히 두른 다음 고구마, 마늘, 페페론치노를 넣고 마늘 향이 충분히 배
　 어나도록 중간 불에서 끓인다.
3 마늘이 노릇해지기 시작하면 1의 간해둔 새우를 넣고 붉게 변할 때까지 익힌다.
4 새우가 익으면 불을 끄고 허브, 소금, 후춧가루를 넣는다. 바게트를 곁들여 낸다.

감바스 활용 팁
• 감바스의 남은 올리브유에 삶은 파스타를 넣고 달군 팬에서 살짝 버무리기만 하면 알리오올리오가 된다.
• 허브와 후춧가루는 새우가 거의 익은 뒤에 넣어야 향이 잘 살아난다.

조
카
를
위
한
간
식

반숙달걀튀김

주말에 갑자기 조카가 놀러 왔는데 집에 마땅한 재료가 없어 고민하다

달걀로 튀김을 만들어줬는데 나중에 찾아보니 신기하게도 태국에 이런 음식이 원래 있단다.

'사위 달걀'이라는 뜻의 '까이룩페이'라는 요리인데 장모님이 사위를 위해 만들어주는

숙취 해소 음식이란다. 우리 엄마가 만들고 싶을 것 같은 느낌이다.

평범한 재료로 만드는데 정말 맛있다.

숙취 해소용은 잘 모르겠고 간식으로 딱인 것 같다. 맥주랑 곁들여도 좋고.

노른자가 예쁘게 흘러나오게 하려면 7분,

촉촉한 반숙 상태로 먹으려면 8분을 삶으면 된다.

재료 / 1인분
달걀 4개 · 밀가루 2큰술 · 빵가루 6큰술 · 식용유 적당량

1 냄비에 달걀이 완전히 잠길 정도의 물과 소금 1큰
술을 넣고 끓으면 달걀 3개를 넣어 7~8분 정도 반
숙 상태로 삶은 후 찬물에 식혀 껍질을 깐다.
초반 5분 정도 굴리면서 끓이면 노른자가 가운데로 와 예쁘게 삶아
진다.

2 남은 달걀 하나는 잘 풀어 달걀물을 만든 다음, **1**의
삶은 달걀에 밀가루 – 달걀 – 빵가루 – 달걀 – 빵가루
순으로 튀김옷을 입힌다.

3 작은 팬에 기름을 1/3 정도만 채워 달군 뒤, **2**의 달
걀을 넣고 굴려가며 노릇노릇 갈색빛이 돌도록 고
루 튀긴다.

엄마가 깍두기 가져다 주시면서 아빠가 싼 김밥도 가져오셨다.

아빠도 평소에 요리하는 걸 상당히 즐기시는 편인데, 엄마 요리와는 또 다른 맛이 있다.

아빠 김밥은 심플한 맛이 좋다. 기본 김밥의 매력이 잘 살아 있는 맛이다.

김밥이랑 같이 뭘 먹을까 하다가, 골뱅이 한 캔 열어 휘리릭 매콤 달콤 새콤하게 무쳐봤다.

1

재료 / 2인분

골뱅이 통조림 1/2캔 · 당근 3cm 1토막 · 오이 3cm 1토막 ·
깻잎 순 2컵 · 통깨 약간

양념장 골뱅이 통조림 국물 2큰술 · 고춧가루 1큰술 ·
간장 1큰술 · 올리고당 1큰술 · 식초 1/2큰술 · 참기름 1/2큰술 ·
후춧가루 약간

2

1 볼에 양념장 재료를 모두 넣고 섞어둔다.

2 골뱅이는 0.5cm 정도 두께로 먹기 좋게 슬라이스하
고, 당근과 오이는 반으로 잘라 어슷하게 썰고, 깻잎
은 씻어서 물기를 제거한다.

3 볼에 **2**의 재료를 담고 **1**의 양념장을 넣고 버무린
다음 통깨를 뿌려 완성한다.

3

아스파라거스베이컨말이

몇 달간의 프로젝트가 서서히 끝나간다.

오늘 끝내야만 하는 분량이 많이 남았으니 밤을 새우는 것은 당연한 일.

하루 종일 책상에 앉아 있었더니 다리가 너무 아파서 일어나 어슬렁거린다.

밖에 나가 산책하는 것은 사치일 것 같아서 거실로 주방으로 방황하다 멈춘 곳은 냉장고 앞.

하루 종일 커피 마시고 단것 먹었더니 짭짤한 게 먹고 싶다.

고민하던 내 손은 이미 아스파라거스를 찾아내서 베이컨을 한 장씩 돌돌 말고 있다.

1

재료 / 1인분

아스파라거스 5개 · 베이컨 5줄 · 올리브유 1큰술 ·
후춧가루 약간

1 아스파라거스는 깨끗이 씻어 물기를 제거한 뒤 맨
   아래 질긴 부분을 조금 잘라낸다.
2 1의 아스파라거스에 베이컨을 1장씩 돌돌 감아준다.
3 달군 팬에 올리브유를 두르고 2를 올려 후춧가루를
   뿌린 다음 노릇노릇해지도록 굴려가며 굽는다.

2

3

칠리두부탕수

오랜만에 텔레비전을 켰다. 「라디오스타」를 보는데
너무 웃겨서 숨 못 쉴 정도로 웃어댔다.
간만에 텔레비전을 보며 긴장을 풀어서인지, 기분이 좀 느긋해진다.
세상 걱정 다 잊은 듯 웃을 수 있는 이런 밤에 삼삼한 야식만 하나 더해진다면
더 이상 바랄 것이 없을 것 같다.

재료 / 1인분

두부 1/2모 · 전분 4~5큰술 · 견과류(아몬드 슬라이스, 땅콩 등) 약간 · 식용유 적당량 ·
소금 1/2작은술 · 후춧가루 약간

칠리소스 스위트 칠리소스 2큰술 · 올리고당 1큰술 · 다진 마늘 1/2큰술

1 두부는 키친 타월에 얹어 물기를 제거한다.

2 1의 두부를 사방 2cm 크기로 잘라 소금과 후춧가루로 간한 뒤 겉면에 전분을 고루 묻힌다.

3 팬에 기름을 넉넉히 붓고 가열한 다음 2의 두부를 넣고 노릇하게 튀겨낸 다음 기름기를 제거한다.

4 다른 팬에 칠리소스 재료를 넣고 한 번 끓인 뒤 3의 두부를 넣고 버무린 다음 견과류를 뿌려
   완성한다.

로즈메리감자구이

고속도로 여행의 백미는 역시 휴게소에서 사 먹는 간식이다.

휴게소에 들르면 호두과자랑 알감자구이는 빼놓지 않고 사 먹는다.

호두과자는 도구와 기술 부족으로 다음에 해보기로 하고, 오늘은 홈메이드 알감자구이에 도전.

휴게소 감자에는 없는 로즈메리를 넣었는데, 로즈메리가 들어가면 훨씬 맛있어진다.

알감자가 없으면 보통 감자를 작게 잘라서 알감자 크기로 만들어 쓰면 된다.

1

2

3

알감자 8~9개 · 로즈메리 2~3줄기 · 올리브유 2큰술 ·
소금 약간 · 후춧가루 약간 ·

1 감자는 껍질째 깨끗이 씻어 큰 것은 먹기 좋은 크기
   로 자른다.
2 감자가 잠길 정도의 끓는 물에 소금을 1/2큰술 넣고
   1의 감자를 넣어 반쯤 익도록 삶는다.
3 달군 팬에 올리브유를 두른 뒤 **2**의 감자와 로즈메
   리를 넣고 감자가 노릇노릇해질 때까지 굽는다. 소
   금과 후춧가루로 간을 맞춘다.

새우부추전

잔칫날에만 전 부치라는 법은 없다.

"부침 가루와 물만 있다면 무엇이든 부칠 수 있어~"를 외치며 오늘은 미팅 오는 손님들 맞이 전 부치기 돌입.

마침 부추와 새우가 있어서 메뉴가 정해졌지만 파, 배추, 양파, 감자, 김치 등 뭐가 됐든 섞어서

지글지글 부쳐주면 다 맛있다.

맛있는 것들을 반죽해 기름에 부쳤으니 어찌 맛이 없을쏘냐!

재료 / 1인분

부추 1줌(손으로 쥐어 100원 동전 지름 정도) · 칵테일 새우 7마리 ·
부침 가루 1/2컵 · 물 1/2컵 · 식용유 적당량

1 부추는 3cm 정도 길이로 썰고, 새우는 껍질을 벗겨 잘게 자른다.

2 볼에 부침 가루와 물을 넣고 잘 섞는다.

3 **2**의 반죽에 부추와 새우를 넣어 고루 버무린다.

4 달군 팬에 식용유를 두르고 **3**의 반죽을 한 숟가락씩 떠 넣어 노릇하게 구워낸다.

허니버터당근

수시로 마트를 돌아보는 건 내게 있어 취미이자 일의 연장이다.

구경하다가 새롭고 예쁜 식재료가 나타나면 당장 필요 없는데도 일단 산다.

이렇게 사고 싶은 재료를 먼저 사고 그 재료로 뭘 만들지 고민해보는 것도 재미있다.

엊그제 마트 갔더니 레드 미니 당근이 새로 나왔기에 덥석 집어 들었다.

이번에는 이걸로 한창 유행하던 허니 버터 맛 당근을 만들어봐야겠다.

재료 / 1인분

미니 당근 5개(일반 당근 1개) • 버터 2큰술 • 마늘 3쪽 • 파슬리 약간 •
꿀(또는 올리고당) 2큰술 • 소금 약간 • 후춧가루 약간

1　당근은 껍질을 제거하고 큰 것은 세로로 2~4등분해서 먹기 좋게 자른다.

2　버터를 전자레인지에 10초 정도 돌려 녹인 다음 마늘과 파슬리를 굵게 다져 넣고 꿀, 소금,
　후춧가루를 넣어 섞는다.

3　**2**에 **1**의 당근을 넣어 골고루 버무린다.

4　중간 불로 달군 팬에 **3**의 당근을 올리고 노릇하게 굽는다. 젓가락으로 두꺼운 부분을 찔러봐
　서 쑥 들어가면 다 익은 것.

베이컨방울양배추볶음

일하다가 밤이 되어서야 들어왔다.

야심한 시간인데도 배가 너무 고파 그냥은 잠이 오지 않을 것만 같다.

뭘 먹을까 고민하다 결정한 것은 간단한 채소볶음.

풀이니까 괜찮을 거야 하면서 베이컨은 빼지 않고 넣는다.

재료 / 1인분

방울양배추 5~6개 • 베이컨 2줄 • 마늘 2쪽 • 타임 약간 • 올리브유 2큰술 •
소금 약간 • 후춧가루 약간

1 방울양배추는 반으로 썰고, 마늘은 편으로 썰고, 베이컨은 1cm 정도 두
   께로 썰어둔다.

2 달군 팬에 올리브유를 두르고 타임과 마늘을 넣고 노릇하게 볶아서 그
   릇에 덜어둔다.

3 같은 팬에 베이컨을 넣고 바삭하게 볶아낸 뒤 키친타월에 올려 기름기
   를 제거한다.

4 베이컨을 볶은 3의 팬에 그대로 1의 방울양배추를 넣고 노릇하게 볶은
   뒤 소금, 후춧가루로 간을 맞춘다.

5 1~4의 모든 재료를 그릇에 담아 섞는다. 그라나파다노 치즈를 뿌려내도
   좋다.

안초비소스달걀

달걀 요리를 주제로 하는 잡지 촬영이 며칠 뒤에 있는데 벌써부터 걱정이다.

촉촉하고 예쁘게 익은 반숙이 필요한 상황이라 그 타이밍을 잘 알고 있어야 한다.

인터넷에도 나와 있긴 하겠지만 이론은 언제나 이론일 뿐, 반드시 직접 확인해봐야 안심이다.

몇 차례 실험을 통해 완벽한 반숙이 만들어지는 황금 타이밍 발견!

이 테스트를 하느라 삶은 달걀이 엄청 많아졌다. 며칠 동안 달걀만 먹어야 할 판이다.

누가 좀 와서 같이 먹어주면 좋겠다.

재료 / 1인분

달걀 3개 · 안초비 1개 · 올리브유 1큰술 · 후춧가루 약간

1 달걀은 끓는 물에 7분간 삶아 찬물에 살짝만 식힌 뒤 따뜻한 상태에서 껍질을 제거한다.

2 접시에 **1**의 달걀을 놓고 숟가락으로 거칠게 먹기 좋은 크기로 자른다.

3 작은 볼에 안초비를 넣고 잘게 으깬 다음 올리브유와 섞어 소스를 만든다. 소스를 **2**의 달걀 위에 고루 뿌리고, 위에 후춧가루를 뿌려서 완성한다.

빵이나 샐러드용 채소와 함께 먹어도 좋고 반찬으로도 좋다.

멀티안주

오늘 인터넷에서 만난 단어인 'Multipotentialite(다능인)'.

언뜻 보기에는 뭐 하나 진득하게 못 하고 끈기 없고 산만해 보이지만,

사실은 많은 흥미와 창의적인 취미를 가진 사람들을 부르는 말이라고 한다.

이것저것 하고 싶은 것도, 잘하고 싶은 것도 많은 건 힘든 욕심일 수도 있지만

새로운 것들을 해보고 내가 할 수 있는 것인지 직접 확인해보는 것은 역시나 행복한 일이다.

오늘은 냉장고의 능력을 알아봐야겠다. 몇 가지 음식을 만들 수 있는가가 미션이다.

최대한 간단한 조리법으로 재료 맛 그대로를 살려 만들기.

간장아보카도

재료 / 1인분

완숙 아보카도 1/2개

소스 간장 1큰술 · 고추냉이 1/2작은술

1   아보카도를 반으로 잘라 씨를 빼낸다.
2   4등분한 다음 껍질을 벗긴다.(완숙일 경우 껍질째 썬 다음 껍질을 벗기는 게 쉽다) 소스를 만들어 곁들인다.

통마늘구이

재료 / 1인분

통마늘(껍질째 있는 것) 2개 · 허브 가루 약간 · 꿀(올리고당) 약간(생략 가능) · 올리브유 1큰술 · 소금 약간 · 후춧가루 약간

1   마늘은 겉껍질을 살짝 벗기고 깨끗이 씻어 뿌리를 반듯하게 다듬고, 줄기 쪽을 살짝 잘라낸 다음 전자레인지에 넣고 1분간 익힌다.
2   잘라진 면에 허브 가루, 꿀, 올리브유, 소금, 후춧가루를 뿌리고 팬에서 노릇하게 굽는다.

대파구이

재료 / 1인분

대파 흰 부분 5개 · 올리브유 2큰술 · 소금 약간

로메스코 소스 파프리카 1/2개 · 올리브유 1/2컵 · 파르메산 치즈 3큰술 ·
아몬드 3큰술 · 마늘 2개 · 소금 1/2큰술 · 후춧가루 약간

1 대파를 깨끗이 씻어 소금을 뿌리고 올리브유를 넣어 골고루 버무린다.
2 달군 팬에 올리브유를 두르고 15분 이상 맨 밖의 껍질이 노릇노릇 갈색이 나도록 충분히 굽는다.(석쇠나 그릴이 있으면 직화로 구워도 좋다) 분량의 재료로 만든 로메스코 소스를 곁들인다.
파프리카는 직화로 태우듯이 구워 흐르는 물로 씻어 껍질을 벗기고, 믹서에 나머지 재료와 모두 함께 넣고 갈아 소스를 만든다. 고기와도 잘 어울리는 소스다.

생생아스파라거스

재료 / 1인분

아스파라거스 4개

소스 마요네즈 1큰술 · 홀그레인 머스터드 1/2작은술 ·
올리고당 1작은술 · 후춧가루 조금

1 아스파라거스를 깨끗이 씻고 맨 밑에 질긴 부분만 잘라내고, 필러로 껍질만 살짝 벗겨낸다.
2 소스 재료를 모두 섞어 소스를 만든 다음 1의 아스파라거스에 곁들인다.

모둠스프링롤 & 땅콩소스

동글동글한 생김새처럼 동글동글하게 살고 싶은데,

항상 그럴 수 있는 것은 아니다.

이틀 뒤 확정되어 있던 스케줄이 오전까지도 진행 중이었는데 오후에 문자 메시지로 취소.

있을 수 있는 일이니까 알겠다고 했지만, 나라면 문자 통보는 안 할 것 같다.

꿀꿀한 마음을 다스리며 라이스 페이퍼를 꺼내 여러 가지 재료들을 싸서 먹어본다.

그냥 각각 재료들을 썰어 먹지 귀찮게 왜 싸 먹는 걸까 생각한 적도 있는데,

하나의 재료도 맛있지만 모든 재료가 하나로 어우러져 만드는 맛은 한층 더 풍부한 느낌을 준다.

이렇게 둥글둥글 살아야 되겠지?

자몽오렌지스프링롤

재료 / 1개

라이스 페이퍼 1장 • 자몽 1/4개(과육 4조각) •
오렌지 1/4개(슬라이스 3조각) • 민트 2~3줄기

1 민트는 깨끗이 씻고, 자몽은 과육만 발라내고, 오렌지는 껍질을 벗겨 가로로 얇게 썬다.

2 라이스 페이퍼를 물에 담갔다가 꺼내어 위에 민트와 자몽, 오렌지를 올려 말아준다.

닭가슴살스프링롤

재료 / 1개

라이스 페이퍼 1장 ·
닭 가슴살(시판 통조림으로 대체 가능) 25g · 래디시 1/2개 ·
적양배추 25g · 시소 2장 · 통후추 2알

1 끓는 물에 닭 가슴살과 통후추를 함께 넣고 삶고, 적채는 가늘게 채치고 래디시는 얇게 썬다.
2 라이스 페이퍼를 물에 담갔다가 펼치고 래디시, 시소, 닭 가슴살, 적채를 올려 말아준다.

연어스프링롤

재료 / 1개

라이스 페이퍼 1장 · 연어 슬라이스 1장 · 샬롯 1/2개 · 딜 약간 ·
미니 코스 2~3장

1 샬롯은 얇게 썬다.
2 라이스 페이퍼를 물에 담갔다가 펼치고 연어와 손질한 샬롯, 딜, 미니 코스를 넣고 말아준다.

딸기바나나스프링롤

재료 / 1개

라이스 페이퍼 1장 · 딸기 1개 · 바나나 1/4개 · 파파야 1/6개

1 딸기와 바나나는 얇게 썰고, 파파야는 껍질과 씨를 제거하고 얇게 썬다.
2 라이스 페이퍼를 물에 담갔다가 펼치고 딸기, 바나나, 파파야 순으로 올려 말아준다.

새우스프링롤

라이스 페이퍼 1장 • 칵테일 새우 2마리 • 컬러 방울토마토 3개 •
루콜라 10장 • 양송이버섯 1/2개

1 칵테일 새우는 끓는 물에 데친다. 양송이버섯, 방울
토마토는 얇게 썰고 루콜라는 씻어서 준비한다.

2 라이스 페이퍼를 물에 담갔다가 펼치고 새우, 토마
토, 양송이버섯, 루콜라 순으로 올려서 말아준다.

아보카도스프링롤

재료 / 1개

라이스 페이퍼 1장 • 보라 미니 당근 3g • 노랑 미니 당근 3g •
아보카도 1/8개 • 라디치오 2장

1 아보카도와 미니 당근은 얇게 썰고 라디치오는 찬
물에 담갔다가 적당한 크기로 자른다.

2 라이스 페이퍼를 물에 담갔다가 펼치고 당근, 아보
카도, 라디치오 순으로 올리고 말아준다.

만능 땅콩 소스 만들기

재료 / 1개

땅콩 8개 • 땅콩버터 2큰술 • 올리고당 1+1/2큰술 •
간장 1큰술 • 식초 1큰술 • 다진 마늘 1/2작은술

1 땅콩은 칼로 잘게 부순다.
2 모든 재료를 볼에 넣고 잘 섞어 소스를 만든다. 기호에 따라 생수
를 첨가해서 농도를 맞춘다.

CHAPTER 8

반찬/저장식

만들어두면 든든
냉장고 속 소중한 비상식량

몸에 좋은 슈퍼 푸드로 만든 음식을 판다는 맛집에 친구들과 함께 일부러 찾아갔는데
먹고 급체를 해서 다 토해버리고 말았다. 비싼 밥이었는데….
몸에 좋다는 슈퍼 푸드, 로 푸드가 나한테는 영 안 맞나 보다.
어느 때보다 집밥이 절실하던 날, 아플 때 엄마가 해주던 부드러운 달걀찜을 한 입 먹으니
거짓말처럼 뱃속이 편안해졌다.

재료 / 1인분
달걀 2개 · 물 1/2컵 · 국간장 1/4작은술 · 소금 약간
토핑 방울토마토 1개 · 버섯(꼬마 새송이 등) 약간

1　달걀에 물, 국간장, 소금을 넣어 곱게 푼 다. 토핑용
　　방울토마토는 얇게 썰고 버섯은 작게 자른다.
　　물의 양을 늘리면 더 부드러워진다. 맹물 대신 다시마를 찬물에 넣
　　고 20분 정도 우려낸 물을 사용하면 감칠맛이 난다

2　컵이나 볼에 **1**의 달걀물을 70% 정도 채우고 뚜껑
　　이나 알루미늄포일 등으로 덮는다. 넓은 냄비 바닥
　　에 키친타월이나 면보를 깔고 물을 넣은 다음 달걀
　　물 담은 그릇을 넣고 중탕으로 익힌다.

3　꼬치로 찔러 달걀물이 묻어나지 않을 정도까지 익
　　힌 후 **2**의 토핑 재료를 올리고 잔열로 익혀 완성한다.
　　이때 달걀물을 약간 남겨 두었다가 같이 올리면 토핑
　　이 달걀물에 적당히 잠겨 모양이 예쁘게 나온다.

마감이 끝나 촬영도 없고 해서 남은 식재료는 이웃들 퍼주고, 상한 것은 다 정리해버렸다.

이렇게 말끔하게 냉장고가 비는 것은 내게는 꽤나 드문 경우.

여백의 미를 자랑하는 오늘의 냉장고, 아~ 사랑스럽다.

덕분에 반찬도 없어서 어떻게 할까 하다가 어묵 한 봉지 사다가 후다닥 볶아 한 끼 뚝딱!

재료 / 1인분
어묵(20×12cm) 1장 • 양파 1/4개 • 당근 2cm 1토막 •
마늘 1개 • 청양고추 1개 • 간장 2작은술 • 식용유 2큰술 •
후춧가루 약간

1 어묵은 1.5×6cm 정도 크기로 길쭉한 모양으로 자
  르고, 양파는 채 썰고, 당근은 반달썰기 하고, 마늘
  은 편으로 썰고, 고추는 어슷하게 썬다.
2 달군 팬에 식용유를 두르고 마늘을 노릇하게 볶다
  가 양파를 넣고 투명해질 때까지 볶는다.
3 어묵, 당근, 고추를 함께 넣어 노릇하게 볶은 뒤 간
  장과 후춧가루로 간을 한다.

버섯장조림

직업 특성상 한창 몰리던 일 폭풍이 지나가고 나면, 한순간에 적막할 정도의 평화가 찾아오곤 한다.

이렇게 조용한 시간도 너무나 소중하지만, 오늘은 왠지 심심한 느낌.

심심함을 달래줄 짭조름한 뭔가를 한번 만들어볼까?

밑반찬은 이럴 때 만들어 둬야 한다.

재료 / 1접시(2인분)

새송이버섯 3개 · 달걀 2개

조림 양념 물 1컵 · 다시마(5x5cm) 1장 · 간장 1큰술 ·
설탕 1/2큰술 · 올리고당 1/2큰술 · 맛술 1큰술 · 통후추 3개

1

1 새송이버섯은 깨끗이 손질한 다음 먹기 좋은 크기
   로 썬다. 달걀은 끓는 물에 7분간 삶은 뒤 찬물에 담
   갔다가 껍질을 벗긴다.

2

2 냄비에 조림 양념 재료를 넣고 설탕이 녹을 때까지
   끓인다.

3

3 **2**의 조림 양념이 한 번 끓어오르면 새송이버섯과
   달걀을 넣고 자작하게 졸인다.

요즘엔 마트에서도 종종 볼 수 있는 그린빈.

색도 모양도 예뻐서 샐러드 촬영 때면 꼭 사곤 한다.

다른 때는 귀찮아서 씻어서 바로 볶거나 했는데, 귀찮음을 물리치고 소금물에 살짝 데쳤더니

푸릇푸릇 탱탱하니 씹는 맛이 더 좋다. 단, 초록이 진해질 정도로만 살짝 데쳐야 된다.

표고버섯만 곁들여 볶아서 먹으려다 뭔가 허전한 맛에 급히 양념장을 만들었는데

표고버섯 향이랑 은근히 잘 어울린다.

재료 / 1인분

표고버섯 4개 · 그린빈 8개 · 식용유 1큰술

양념장 간장 2작은술 · 식초 1작은술 · 올리고당 2작은술 · 다진 마늘 1/2작은술

1 볼에 양념장 재료를 모두 넣고 섞어둔다.

2 표고버섯은 먹기 좋은 크기로 자르고 그린빈은 깨끗이 씻는다.

3 그린빈은 끓는 물에 살짝 데쳐 찬물에 잠시 담가둔다.

4 달군 팬에 식용유를 두른 뒤 표고버섯과 그린빈을 넣고 센 불에서 빠르게 볶아낸 다음 1의
   양념징을 뿌려 완성한다.

토마토 달걀 볶음

비디오 가게에서 비디오를 빌려보던 시절이 있었다.

그때 한창 인기 있던 중국 무협 영화를 보면 객잔에서 음식 먹는 장면이 종종 나오곤 했는데

찐빵 같은 만두도 나오고, 커다란 웍에 휘리릭 볶아내는 볶음 요리도 많았다.

나중에 일을 하면서 영화 속에서 봤던 것과 비슷한 요리를 알게 되었는데

'시훙스차오지단'이라는, 토마토와 달걀을 볶은 중국 음식이었다.

간단하면서도 맛도 좋고 색감도 예뻐서 쉽게 집에서 해 먹을 수 있는 메뉴다.

재료 / 1인분

방울토마토 7~10개(큰 토마토 1개) • 달걀 2개 • 쪽파 10cm 1토막 • 식초 2작은술 • 설탕 1작은술 •
식용유 약간 • 소금 약간 • 후춧가루 약간

1 방울토마토는 반으로 자르고, 쪽파는 송송 썰어두고, 달걀은 소금과 후춧가루를 넣고 잘 풀
   어둔다.
2 달군 팬에 식용유를 살짝 두르고 1의 달걀물을 넣어 스크램블 상태로 잘게 볶는다.
3 다 익은 달걀은 따로 두고 같은 팬에 1의 방울토마토를 넣어 볶으면서 식초와 설탕을 넣어
   간을 한다.
4 볶아둔 달걀을 넣어 섞어가며 볶다가 쪽파를 넣고 마무리한다.

일반 토마토를 사용하면 수분이 많이 나오므로 녹말물을 약간 넣어 농도를 조절하는 것이 좋다.

토마토 살사

하루 종일 책상 앞에 앉아 일을 했더니 어깨도 쑤시고 다리도 아프다.

논문을 이렇게 썼더라면 박사 학위를 받았을 것 같다.

뭐라도 좀 먹어야 할 것 같은 생각에 부엌을 뒤지다

조각조각 남아 있는 채소들을 송송 썰어 넣고 살사를 만들었다.

요즘 애플민트 맛에 푹 빠져 생각나는 곳마다 넣던 차라 여기에도 넣어봤더니 굿.

그냥 먹어도 괜찮고, 토르티야로 말아서 먹어도 되고, 나초랑 먹어도 맛있다.

재료 / 1인분

토마토(작은 것) 2개 • 적양파 1/4개 • 아보카도 1/4개 •
취청오이 5cm 1토막 • 애플민트 약간 • 고수 약간(생략 가능)
소스 레몬즙 1큰술 • 올리브유 2큰술 • 타바스코 소스 1작은술 •
소금 약간 • 후춧가루 약간

1 토마토, 양파, 아보카도, 오이는 사방 1cm 정도로
작게 자른다.

2 볼에 소스 재료를 모두 담고 고루 섞어둔다.

3 볼에 손질한 **1**의 채소와 애플민트, 고수를 넣고 **2**의
소스를 뿌려 버무린다.

방울토마토 피클

마트에 1인 가구를 위한 1인 분량의 식재료들이 많이 생겼다.

마늘, 버섯, 고추, 파 같은 재료들도 조금씩 포장해 판다. 혼자 살기 참 좋은 세상이다.

방울토마토도 한 컵 분량으로 팔고 있어서 딱 좋길래 사 왔는데,

계속 깜빡하다가 더 두면 안 될 것 같아 토마토 피클을 만들기로 했다.

만들어두면 빵이랑 같이 먹기도 좋고, 치즈와도 잘 어울리고,

특히 기름진 음식이랑 같이 먹으면 상큼한 토마토가 느끼한 맛을 딱 잡아준다.

재료 / 200mL 1병(140g 정도) 분량

방울토마토 10~12개 • 샬롯 1개(양파 1/8개로 대체 가능)

소스 엑스트라버진 올리브유 2큰술 • 화이트 와인 식초 1큰술 • 레몬즙 1큰술 • 월계수 잎 1장 •

소금 약간 • 후춧가루 약간

1 샬롯은 얇게 썬 뒤 찬물에 30분 정도 담가둔다.

2 방울토마토는 꼭지를 따고 반대편에 십자 모양 칼집을 낸다.

3 **2**의 토마토를 끓는 물에 데친 다음 찬물에 담갔다가 껍질을 제거한다.

4 볼에 샬롯과 방울토마토, 소스 재료를 모두 넣고 잘 섞은 후 냉장실에서 1시간 정도 숙성시
   킨다.

칠리콘카르네

버거 신제품 촬영 때 맛본 칠리소스가 맛있길래 기억을 더듬어 그 소스 맛을 재현해봤다.

자글자글하게 졸이면 약고추장처럼 냉장고에 꽤 오랫동안 보관할 수도 있다.

한 병 만들어두면 갑자기 누가 찾아와도 걱정 제로!

멕시코 음식을 좋아하는 친구 L에게서 칭찬도 받았다.

마음 든든한 친구 L을 위해 칠리 한 병 만들어줘야겠다.

1

재료 / 소스 볼 1개(140g 정도) 분량

다진 쇠고기 1/2컵 • 토마토소스 1컵 •

월계수 잎 1장 (타임, 파슬리 가루 등도 같이 넣으면 좋다) •

커민 1/4작은술 • 카옌페퍼 1/4작은술(고운 고춧가루로 대체 가

능) • 물 1큰술 • 식용유 1큰술 • 소금 약간 • 후춧가루 약간

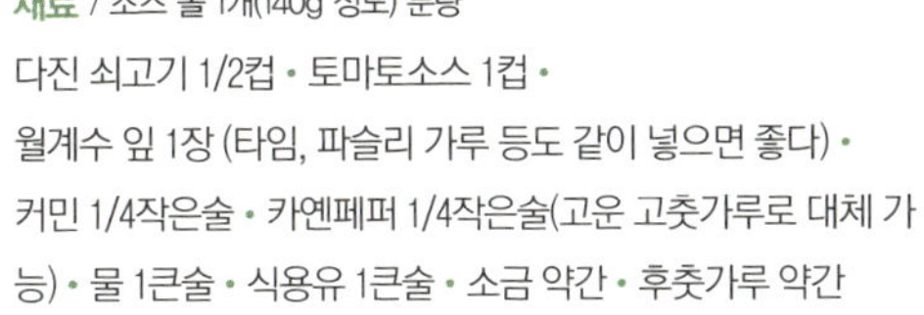

1 달군 팬에 식용유를 두르고 다진 쇠고기를 넣고 후
  춧가루를 뿌린 후 잘게 부수며 볶는다.

2 나머지 재료를 모두 넣고 걸쭉한 농도가 되도록 끓인
  다. 맛을 보고 간이 부족하면 소금을 약간 넣는다.

2

마트에서 깻잎 순 한 봉지를 사서 이것저것 해 먹었는데도 또 남았다.
혼자 먹는 밥상의 문제점이란 항상 재료가 남는다는 것.
깻잎을 구제할 방법이 뭐가 있을까 고민하다 떠오른 것. 맞다! 페스토!
깻잎으로 만들면 바질보다 훨씬 저렴하면서도 맛은 뒤지지 않는다.
함께 넣는 재료로는 캐슈너트를 추천한다.
향이 강한 편이 아니라서 깻잎 향을 잘 살려주고, 부드러운 맛이 난다.

재료 / 250mL 1병 분량

깻잎 순(깻잎) 1컵(수북하게) · 캐슈너트(잣, 호두 등 다른 견과류로 대체 가능) 1/2컵 · 다진 마늘 1작은술 ·
파르메산 치즈 가루 3큰술 · 엑스트라버진 올리브유 1컵(추가로 공기 차단용 1큰술) · 소금 1/3작은술

1　깻잎 순은 깨끗이 씻은 뒤 잎만 따서 물기를 제거하고 칼로 곱게 다진다.

2　캐슈너트는 마른 팬에 노릇하게 볶은 다음 식힌다.

3　볶은 **2**의 캐슈너트를 곱게 다진다. 씹히는 식감을 선호할 경우 약간 굵게 다져도 좋다.

4　볼에 깻잎과 캐슈너트, 나머지 재료를 모두 넣고 잘 섞은 다음 깨끗한 병에 담는다 병 윗부
　분에 올리브유를 1큰술 정도 넣어 공기 접촉을 차단하여 밀폐시킨 뒤 냉장 보관 한다.
　재료를 한꺼번에 믹서에 넣고 갈아도 된다. 하지만 이렇게 하면 재료의 씹히는 질감이 줄어든다는 단점이 있다.

과카몰레

비상식량으로 종종 만드는 것 중 하나.

이름은 어렵지만 자르고 으깨고 섞는 것 이외에는 할 일이 없는 쉬운 음식이다.

한 가지 주의할 점은 안 익은 아보카도로 만들면 정말 맛없을 수가 있으니 반드시 잘 익은 걸 준비해야 한다는 점.

꿀팁까지 하나 얘기하자면, 모든 재료를 지퍼백에 넣어 조물조물 해주면 손쉽게 만들어 바로 보관까지 할 수 있다.

설거지 피하고 싶은 혼밥족에게 살포시 추천.

재료 / 250mL 병 1개(250g 정도) 분량
완숙 아보카도 1개 · 토마토 1개 · 양파 1/2개 · 레몬 1개 ·
마늘 3~4쪽 · 소금 약간 · 후춧가루 약간

1 아보카도는 반으로 갈라 씨를 제거하고 과육을 퍼낸
   다. 씨를 제거한 토마토, 양파, 마늘은 잘게 다진다.
2 볼에 **1**의 아보카도 과육을 넣고, 레몬 1/2개 분량의
   즙을 짜 넣은 다음 덩어리가 보이지 않도록 완전히
   으깬다.
3 **2**의 볼에 **1**의 토마토, 양파, 마늘을 넣고 나머지 레
   몬 1/2개 분량의 즙을 짜 넣은 다음 소금과 후춧가
   루로 간하여 잘 버무린다.

약고추장

긴가민가 하면서 약고추장을 만들었는데 '와~' 하는 감탄사가 절로 나왔다.

고추장이 맛있는 걸까? 내가 잘 만든 걸까?

돼지고기로도 쇠고기로도 만들었는데, 둘 다 좋다. 고를 수가 없다.

혼자 사는 친구나 지인을 위한 선물로 정말 좋을 것 같다.

늦게 들어와 반찬 챙기기 귀찮을 때, 하얀 쌀밥에 이거 한 스푼 넣고 싹싹 비벼 먹으면 다른 거 하나도 필요 없다.

혼밥족의 필수 아이템!

재료 / 200mL 1병 분량

다진 고기(쇠고기 또는 돼지고기) 1컵(100g) · 대파 10cm 1토막 · 양파 1/4개 · 참기름 1큰술 · 통깨 약간

고기 밑간 간장 1큰술 · 설탕 1작은술 · 다진 마늘 1/2큰술 · 맛술 1큰술 · 후춧가루 약간

고추장 양념 고추장 4큰술 · 올리고당 2큰술 · 후춧가루 약간 · 참기름 1작은술

1 다진 고기는 밑간 재료를 넣어 간을 해두고, 양파와 대파는 곱게 다진다.

2 달군 팬에 참기름을 두르고 **1**의 대파와 양파를 넣어 향이 배어나도록 투명해질 때까지 볶는다.

3 **2**의 팬에 **1**의 밑간한 고기를 넣고 잘게 부수며 고슬고슬하게 볶는다.

4 **3**에 참기름과 통깨를 제외한 고추장 양념 재료를 모두 넣고 끓이다가 원하는 농도가 되면 불을 끄고 참기름, 통깨를 넣어 마무리한다.

리코타 치즈

치즈 만들기는 어려울 것 같아 겁이 나서 시도도 안 했었는데,

파는 리코타 치즈가 영 맘에 들지 않아 용기를 한번 내봤다.

처음에 우유랑 생크림 사 들고 와서는 만들다 실패하면 재료 아까워서 어쩌나 했는데

웬걸, 엄청 쉽다. 아주 약하게 보글보글 끓이다가 딱 한 번 십자가 모양으로 저으면 끝.

실패하기가 더 어려운 리코타 치즈 만들기.

절대로 많이 휘저으면 안 된다는 게 팁이라면 팁이다.

재료 / 400g 정도 분량

우유 1L · 생크림 500mL · 생레몬즙 3큰술(레몬 1/2~1개 분량, 상큼한 맛이 좋다면
1개 분량 다 넣어도 좋다) · 소금 1작은술

1 레몬즙에 소금을 넣어 녹여둔다.

2 냄비에 우유, 생크림을 붓고 중간 불에서 뭉근히 끓이다가 가장자리에
   잔 거품이 일어나기 시작하면 **1**의 레몬즙을 넣고 주걱으로 십자(+) 모
   양으로 한 번 저은 뒤 약한 불로 줄여 10분 이상 끓인다.

3 **2**가 순두부처럼 엉기면 고운 면보를 올린 체에 국자로 떠 넣어 걸러주
   어 물기를 뺀다.
   수분을 약간만 제거하면 스프레드 정도의 질감이 되고, 약간 더 제거하면 샐러드에 사용하
   기 좋은 단단한 덩어리 상태가 된다. 냉장 보관 후에는 더 단단해지니 수분을 너무 많이 짜
   내지는 말 것.

4 어느 정도 수분이 빠졌을 때 꼭꼭 눌러주면 덩어리로 뭉쳐진다.

5 밀폐 용기에 담아 냉장 보관 한다.
   일주일 안에 먹는 것이 좋다.

HONEY LEMON
Lemon
Matured in honey
lemon handmade with
fresh organic lemon
as you know

음료/디저트

친구와 함께
혹은 나 혼자 상큼하게 한잔

라임모히토

작가 헤밍웨이가 좋아했다는 칵테일 '모히토'

몇 달째 계속 쓰던 글을 마무리해가는 오늘 딱 맞는 음료다.

아무리 생각해도 소설가는 아무나 하는 게 아닌 것 같다. 무에서 유를 창조하다니.

짤막한 글 한 페이지 쓰는 것도 나 같은 이에게는 힘겨운 일이다.

읽는 것은 좋아하는데, 요즘 책을 손에서 놓은 지 너무 오래된 것 같다.

감수성이 한 방울도 남아 있지 않나 보다.

일하느라 너무 바빴다. 비우면 채워야 하는 게 정상인데.

차가운 얼음 가득 채운 투명한 모히토 한잔이면 글이 술술 써질 것 같은 기분이다.

라임 1개 · 애플민트 6~7줄기(장식용 2~3줄기) ·
탄산수 1컵(분량의 1/4 정도를 럼이나 화이트 와인으로 대체 가능) ·
비정제 설탕 2조각 (또는 황설탕 2작은술) · 얼음 적당량

1 라임은 베이킹소다로 문질러 닦고, 식촛물에 담갔다가 흐르는 물로 헹
  군다.
2 라임 1/2개를 얇게 썰고, 애플민트는 깨끗이 씻어 물기를 제거한다.
3 민트 잎과 설탕을 넣고 향이 충분히 우러나도록 으깬 다음 컵에 담고 남
  은 라임 1/2개를 즙을 짜 넣는다. 얼음, 민트, 라임 슬라이스를 넣고 탄산
  수를 부어 완성한다.

1

2

3

패션프루트모히토

패션프루트 1개 · 라임 1/2개 · 애플 민트 2~3줄기 ·
탄산수 1컵(분량의 1/4 정도를 럼이나 화이트 와인으로 대체 가능) ·
설탕 1작은술 · 얼음 적당량

1

2

1 라임은 베이킹소다로 문질러 닦고 식촛물에 담갔다가 흐르는 물로
  헹군 다음 얇게 슬라이스한다. 민트는 깨끗이 씻어 물기를 제거한다.
2 패션프루트 과육에 설탕을 섞어서 컵에 담고, 얼음, 민트, 라임 슬라
  이스를 넣고 탄산수를 부어 완성한다.

상그리아

와인은 언제나 남게 되는 것 같다.

다음에 요리할 때 써야지 하면서 챙기지만 또 그렇게 방치되곤 한다.

오늘 부엌을 뒤지다 반쯤 남은 화이트 와인을 발견했다.

어떻게 써볼까 하다 상큼하고 달달한 과일을 잔뜩 썰어 넣어 상그리아를 만들기로 결정.

만들기 쉽고 맛도 좋은, 사랑스러운 칵테일이다.

재료 / 1L 1병 분량
라임 1/2개 · 오렌지 1개(큰 오렌지 1/2개) · 자몽 1/2개 ·
사과 1개 · 화이트 와인 500mL · 탄산수 1컵

1 베이킹소다와 굵은 소금으로 라임, 오렌지, 자몽, 사
   과를 깨끗이 닦은 다음 식촛물에 잠시 담갔다가 흐
   르는 물로 헹군다.

2 라임, 오렌지, 자몽은 껍질째 슬라이스하고, 사과는
   씨 부분을 제거하고 껍질째 슬라이스한다.

3 준비한 병에 화이트 와인을 붓고 손질한 **2**의 과일
   을 넣은 다음, 냉장실에서 3시간 정도 숙성시켰다가
   마시기 직전 탄산수를 붓는다.

뱅쇼

낮에는 덥고, 밤에는 춥고… 감기 오기 딱 좋은 날이다.

컨디션이 안 좋으면 목부터 아파지기 시작한다.

작년에도 하필 메르스가 유행할 때 목소리가 안 나오는 목감기에 걸리는 바람에

기침도 맘대로 못 하고, 일하러 가서도 "메르스 아닙니다. 쿨럭!" 하며 변명하고 다니느라 꽤나 고생을 했다.

이렇게 목이 칼칼할 때 감기 기운 뚝 떼어내 줄 나만의 비결이 있으니 바로 뱅쇼다.

재료 / 2인분

레드 와인 1/2병(375mL) • 오렌지 1개 • 레몬 1/2개 •
시나몬 스틱 1개 • 정향 2~3개 • 물 1/2컵 • 설탕 2큰술

1 오렌지와 레몬은 껍질째 베이킹소다로 닦은 후 식
촛물에 잠시 담갔다가 흐르는 물에 헹구어 물기를
제거한다.

2 오렌지와 레몬을 껍질째 얇게 슬라이스한다.

3 냄비에 모든 재료를 넣고 약한 불에서 10~20분간
끓인 다음 불을 끄고 재료의 향이 충분히 우러나도
록 1시간 정도 방치하면 완성. 먹기 직전에 데워 마
신다.

잘 끓인 뱅쇼는 과일 등 내용물을 건져내고 음료만 병에 담아 보
관하면 일주일 정도 두고 마실 수 있다.

사과생강차

머리가 아픈 날

머리가 아픈 날이다. 오전부터 두통이 조금 있었는데 계속 아파온다.

손발도 차갑고 아무래도 몸살 기운인가 싶다.

이럴 때면 생각나는 것이 있는데 바로 생강 넣고 끓인 사과차.

이번에는 팔각이 있어서 함께 넣어줬는데 별 모양 향신료로 모양이 특이하기도 하고

향기가 독특해 좋아하는 식재료다.

하나 넣어보면 한층 풍부한 향을 즐길 수 있다.

재료 / 500mL 1병 분량

사과 1개(200g) · 생강(3×3cm) 1조각 · 설탕 200g · 시나몬 스틱 1~2개 · 팔각 1개

1   사과는 베이킹소다를 뿌려 닦은 다음 식초를 푼 물에 잠시 담가두었다가 흐르는 물에 헹구어 물기를 제거해둔다.

2   사과는 껍질째 슬라이스하고, 생강은 껍질을 제거하고 슬라이스한다.

3   볼에 2의 재료와 시나몬 스틱, 팔각을 넣고 설탕 분량의 3/4를 켜켜이 뿌려 잘 섞이도록 버무린다.

4   소독한 유리병에 3을 담고 윗부분에 나머지 설탕을 올린 뒤 뚜껑을 덮어 실온에서 반나절 정도 보관했다가 냉장 보관 한다.

레몬청

인터넷에서 레몬 나무 키우기에 대한 포스팅을 본 후 나도 꼭 해봐야지 하면서
레몬 쓸 때마다 씨를 모았다가 드디어 레몬 나무 키우기 장기 프로젝트에 돌입했다.
씨부터 심어 싹을 틔운 다음 어느덧 화분으로 옮겨 매일매일 돌보고 있는 중이다.
한 열 개 넘게 싹을 틔웠는데 생각보다 재밌다. 레몬을 수확할 때까지 키울 수 있을까?
이 나무들에서 수확한 레몬으로 레몬청 만드는 날 놀러 오시길.

재료 / 200mL 1병 분량

레몬 1개(80g) • 설탕 80g

1 베이킹소다와 굵은소금으로 레몬을 깨끗이 문질러 닦은 다음 식촛물에 잠시 담갔다가 흐르는 물로 헹군 뒤 물기를 완전히 제거한다.

2 레몬은 얇게 슬라이스한다.

3 볼에 **2**의 레몬과 설탕 분량의 3/4를 넣고 잘 섞는다.

4 저장 용기에 **3**을 넣고 그 위에 나머지 설탕을 올린 후 뚜껑을 닫는다. 실온에 반나절 정도 두어 설탕이 모두 녹으면 냉장실에 넣고 3일 정도 숙성시킨다.

청포도주스

청포도가 익어가는 시절.

시 속 내용처럼 아직 7월은 되지도 않았는데 세상이 많이 변해서

날씨는 7월처럼 뜨겁고 청포도도 가게에 등장했다.

새벽까지 밤샘 작업 하다가 잠깐 눈을 붙였는데 폭염주의보 경보 문자 알람이 울리는 통에 깨버렸다.

이글이글 덥긴 덥다. 방 안이 온실처럼 뜨거워지려고 한다.

껍질째 갈아 시원하게 마시는 고운 연두색 청포도 주스 한 잔이면 그래도 한숨 돌릴 수 있을 것 같다.

1

2

재료 / 1인분

청포도 1컵(20알 정도) · 얼음 1컵

1 청포도는 베이킹소다와 식초를 푼 물에 잠시 담가두었다가 흐르는 물에 헹구어 알알이 떼어 준비한다.

2 믹서에 청포도와 얼음을 넣고 곱게 갈아준다.

청포도 당도에 따라 시럽 1~2작은술을 넣어도 된다.

사과그라니타

빙산의 일각

여름이 오면 겨울을 생각하는 청개구리띠.
스키장 다녀온 지 백만 년도 넘은 것 같다.
올해는 꼭 가야지 했지만 몸이 재산인데 손이라도 다치면 어쩌나며
다음에 다음에 하다 결국 겨울이 다 지나버렸다.
후끈하게 창으로 들어오는 뜨거운 바람 속에 차갑게 얼려둔 그라니타를
포크로 사각사각 긁어내며 스키로 눈을 지치는 상상을 해본다.
이번 겨울엔 꼭 가야지!

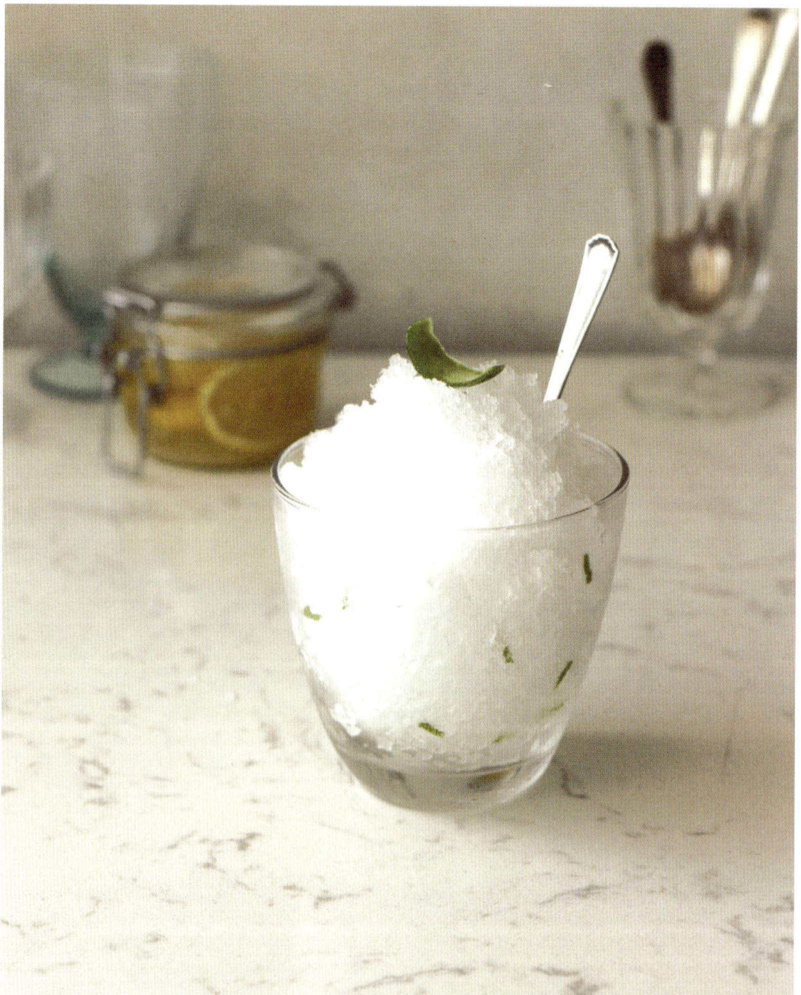

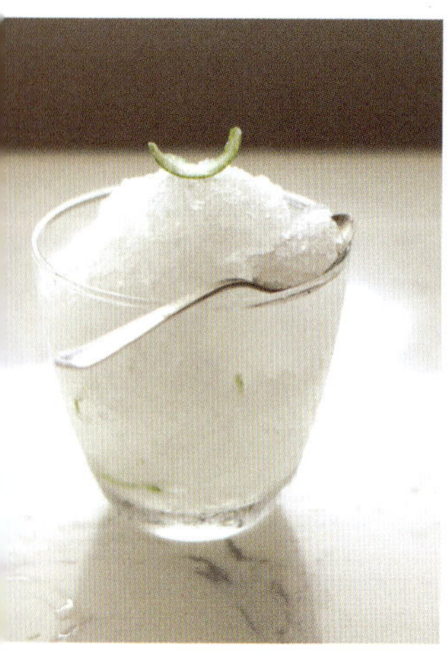

재료 / 2인분

청사과 1개 • 레모네이드 1컵(사과 주스로 대체 가능) •
라임청 2~3큰술(레몬청, 꿀, 아가베 시럽, 올리고당으로 대체 가능) • 라임 제스트 약간

1 라임은 껍질을 칼이나 필러로 긁어 제스트를 만들고, 과육은 슬라이스해서 설탕을 뿌리고 재
   워 청으로 만든다.
   제스트는 생략해도 되지만 넣어주면 초록색을 살릴 수 있고 라임 향도 더 진해진다.
2 **1**과 나머지 재료들을 모두 믹서에 넣고 곱게 갈아준다.
3 냉동 가능한 그릇에 **2**를 담아 냉동실에 넣는다.
4 30분~1시간에 한 번씩 **3**을 꺼내 포크로 긁어 부수고 다시 얼리는 작업을 반복하여 3시간 이
   상 얼린다.

레이어드스무디

"내가 너의 인생을 사줄 수는 없어"

"그리고 언젠가 해가 뜰 거예요. 처음엔 눈치채지도 못할 거예요. 정말 희미할 거예요.

그러다 무언가나 누군가를 생각하는 자신을 볼 거고 당신의 과거와는 아무 상관 없는

자신의 사랑을 보면 그때 알아챌 거예요. 여기가 내 삶이라고."

보는 내내 간질거리는 기분에 실실거리며 본 영화 「브루클린」. 예쁘고 예뻤다.

보는 내내 예쁜 색감과 시원한 배경이 너무 좋았다. 주인공 에일리스에게 어울릴 것만 같은

달콤하고 시원한 스무디. 스무디 이름을 '에일리스'라고 할까 보다.

재료 / 1인분

망고 1개(과육만 300g) · 용과 1개(과육만 300g) · 요구르트 4큰술 · 올리고당 2큰술 · 얼음 1컵
얼음을 넣는 대신 과육을 얼려서 사용하면 맛이 더욱 진하고 시원하다

1 망고와 용과는 장식으로 사용할 소량을 제외한 뒤, 망고는 얼음 1/2컵과 함께 믹서로 갈아놓
   는다. 용과 과육은 요구르트, 올리고당, 얼음과 함께 믹서에 갈아준다.

2 **1**의 갈아놓은 망고를 컵의 2/3 정도까지 채운다.

3 **2** 위에 **1**의 용과를 섞이지 않도록 주의하며 올린다.

4 장식용으로 남겨둔 망고는 사방 1cm, 용과는 부채꼴 모양으로 잘라서 **3** 위에 올린다.

과일펀치

어느 카페에서 누군가 빨간색의 예쁜 차를 마시는 걸 보고
"저건 뭐예요?" 하며 주문했던 이름도 예쁜 히비스커스 차.
화려한 붉은색의 꽃 차. 은은한 새콤한 맛이 난다.
중독처럼 커피를 마시는 바람에 다친 속을 달래려 많이 마시게 됐는데
알고 보니 피부에도 좋고 피로 해소에도 좋고 효능이 많다.
좋아하는 과일들 다 썰어 넣고 펀치를 만들 때도 물 대신 넣으면
색도 예쁘고 영양도 올라가니 일석이조!

재료 / 2인분

딸기 4개 · 망고 1/2개(사방 1.2cm 10~15조각) ·
용과 1/2개(사방 1.2cm 10조각) · 사과 1/2개(사방 1.2cm
10~15조각) · 히비스커스 1작은술 · 설탕 3큰술 · 물 1컵 · 얼음 1컵
파인애플, 복숭아, 키위, 오렌지 등 다른 과일로 대체 가능하다.
히비스커스와 설탕 대신 아이스티 가루 20g으로 대체 가능하다.

1 딸기, 망고, 용과, 사과는 사방 1.2cm 큐브 형태로
   썬다.
2 물을 끓여 히비스커스 차를 우려내고 설탕을 넣어
   녹인 다음 차갑게 식혀 준비한다. 컵에 찬 히버스커
   스 차와 1의 과일, 얼음을 넣는다.

파파야아이스크림

미녀 조카 예한이가 놀러 오기로 한 날. 아이스크림을 만들기로 했다.

정말 간단하다. 지퍼백만 있으면 된다.

사실 같이 쿠키 만드는 걸 제일 좋아하는데 한동안 바빠서 같이 해주질 못했다.

벌써 훌쩍 커서 이모한테 장난 메시지까지 보내는 똑똑한 아이.

조금 있으면 나랑 친구 한다고 할 것 같다.

파파야 없다고 포기하지 말 것. 코코넛 밀크나 바나나로 바꿔도 괜찮다.

재료 / 3~4인분

파파야 1개(320g, 코코넛 밀크 300mL 또는 바나나 3개로 대체 가능) • 코코넛밀크 100mL •
연유 1/4컵 • 올리고당 1큰술 • 소금 약간

1 파파야의 과육만 믹서에 곱게 갈아준다.

2 큰 볼에 나머지 재료와 **1**의 파파야를 모두 넣고 잘 섞는다.

3 지퍼백에 담아 냉동실에서 3시간 이상 얼린다. 반 이상 얼었을 때 한 번 꺼내어 주물러 부숴
   준다.

4 얼린 **3**을 잘 부수어 밀폐 용기에 평평하게 담고 스쿠프으로 떠서 그릇에 담아 낸다.

바나나 딸기 요구르트

재료 / 1인분

바나나 1개 • 딸기 5개 • 유기농 시리얼 1컵 • 호두 3~4개 •
저지방 요구르트 1/2컵

1 바나나, 딸기는 먹기 좋은 크기로 썬다.
2 그릇에 시리얼과 바나나, 딸기를 담고 호두를 고루 담은 뒤 요구르트를 뿌려 낸다.
   기호에 따라 올리고당을 약간 곁들인다.

재료 / 1인분

카카오 파우더 1큰술 · 바나나(잘 익은 것) 1/2개 · 얼음 조각(큰 것) 7개 · 우유 1/2컵 ·
꿀 1큰술 · 토핑용 초콜릿칩 1큰술(생략 가능)

모든 재료를 믹서에 넣고 곱게 갈아서 컵에 담고 초콜릿칩을 뿌려 낸다.
기호에 따라 바닐라 아이스크림이나 인스턴트 커피, 에스프레소를 곁들여도 좋다.

재료 / 1인분

얼린 망고 1컵 • 얼린 파인애플 1/2컵 • 바나나 1/2개 •

코코넛 워터 2/3컵(좀 더 부드러운 질감을 원한다면 1컵) • 토핑용 베리류(산딸기, 크랜베리 등) 적당량

얼린 망고와 파인애플, 바나나, 코코넛 워터를 믹서에 넣고 곱게 갈아 그릇에 담고 위에 베리를 얹어 낸다.

그래놀라나 시리얼을 곁들여도 좋다.